Arnaud Roquel

Exploitation du conflit entre capteurs

Arnaud Roquel

Exploitation du conflit entre capteurs

Exploitation du conflit entre capteurs pour la gestion d'un système complexe multi-capteurs

Presses Académiques Francophones

Impressum / Mentions légales
Bibliografische Information der Deutschen Nationalbibliothek: Die Deutsche Nationalbibliothek verzeichnet diese Publikation in der Deutschen Nationalbibliografie; detaillierte bibliografische Daten sind im Internet über http://dnb.d-nb.de abrufbar.
Alle in diesem Buch genannten Marken und Produktnamen unterliegen warenzeichen-, marken- oder patentrechtlichem Schutz bzw. sind Warenzeichen oder eingetragene Warenzeichen der jeweiligen Inhaber. Die Wiedergabe von Marken, Produktnamen, Gebrauchsnamen, Handelsnamen, Warenbezeichnungen u.s.w. in diesem Werk berechtigt auch ohne besondere Kennzeichnung nicht zu der Annahme, dass solche Namen im Sinne der Warenzeichen- und Markenschutzgesetzgebung als frei zu betrachten wären und daher von jedermann benutzt werden dürften.

Information bibliographique publiée par la Deutsche Nationalbibliothek: La Deutsche Nationalbibliothek inscrit cette publication à la Deutsche Nationalbibliografie; des données bibliographiques détaillées sont disponibles sur internet à l'adresse http://dnb.d-nb.de.
Toutes marques et noms de produits mentionnés dans ce livre demeurent sous la protection des marques, des marques déposées et des brevets, et sont des marques ou des marques déposées de leurs détenteurs respectifs. L'utilisation des marques, noms de produits, noms communs, noms commerciaux, descriptions de produits, etc, même sans qu'ils soient mentionnés de façon particulière dans ce livre ne signifie en aucune façon que ces noms peuvent être utilisés sans restriction à l'égard de la législation pour la protection des marques et des marques déposées et pourraient donc être utilisés par quiconque.

Coverbild / Photo de couverture: www.ingimage.com

Verlag / Editeur:
Presses Académiques Francophones
ist ein Imprint der / est une marque déposée de
AV Akademikerverlag GmbH & Co. KG
Heinrich-Böcking-Str. 6-8, 66121 Saarbrücken, Deutschland / Allemagne
Email: info@presses-academiques.com

Herstellung: siehe letzte Seite /
Impression: voir la dernière page
ISBN: 978-3-8381-7966-7

Copyright / Droit d'auteur © 2013 AV Akademikerverlag GmbH & Co. KG
Alle Rechte vorbehalten. / Tous droits réservés. Saarbrücken 2013

Université Paris XI
École Doctorale : STITS
Laboratoire d'Electronique Fondamentale

Discipline physique

Thèse de Doctorat
soutenue le 12/12/2012

par

Arnaud Roquel

**Exploitation du conflit entre capteurs pour la gestion
d'un système complexe multi-capteurs.**

Directrices de thèse : Sylvie Le Hégarat-Mascle   Professeur à Polytech Paris Sud
                        Isabelle Bloch   Professeur à Télécom ParisTech

Composition du jury :

Rapporteurs :   Michèle Rombaut   Professeur Université Joseph Fourier
                    Véronique Berge-Cherfaoui Maître de Conférences UTC
Examinateurs :   Roger Reynaud   Professeur IUT d'Orsay
                    Anne-Laure Jousselme   Chercheur au DRDC, Canada

Remerciements

Tout commence par une majuscule et se termine par un point, au milieu il a vous...

Je suis infiniment reconnaissant à mes directrices de thèse, Madame Isabelle Bloch ainsi que Madame Sylvie Le Hégarat-Mascle pour m'avoir accueilli, guidé et encouragé. Leurs connaissances et conseils ont permis la construction du raisonnement de cette thèse ; Merci Sylvie pour la patience et la persévérance dont vous avez fait preuve afin de m'enseigner vos méthodes de recherche.

Je remercie mes rapporteurs ainsi que mes examinateurs pour leurs avis et suggestions.

L'atmosphère agréable de travail a créé un cadre tout indiqué pour ces activités de recherche. Pour cela je remercie Bastien Vincke et Cyrille Andre, leurs enthousiasmes, leurs sympathies ont été source de motivation.

Je remercie l'ensemble de l'équipe d'ACCIS pour les ressources mises à disposition ainsi que l'encadrement proposé par toutes les personnes internes au groupe.

Je porte une attention particulière aux personnes omniprésentes que sont mes parents, ma sœur, mon oncle et ma famille. Leur amour éclaire mes choix et la stabilité qu'ils m'offrent est une fondation pour l'avenir.

Comment ne pas remercier la personne qui a parcouru avec moi ce long chemin, nul doute que ce manuscrit est en partie le fruit de toutes nos discussions. J'insiste sur le fait que le contact de sa personnalité représente à mes yeux la meilleure école qui soit.

Pour clore ces remerciements, je tiens à citer mon grand-père qui fut certainement mon premier professeur.

À mes gardiens, mes protecteurs
À celle qui m'a tant appris
À mon grand père, héros intemporel.

Table des matières

Table des matières		1
1 Introduction générale		**5**
1.1	Contexte et intention de l'étude	6
1.2	Conflit et complémentarité	7
	1.2.1 Notion de conflit	7
	1.2.2 Notion de complémentarité	9
1.3	De la théorie des probabilités aux fonctions de croyance	9
1.4	Problématique	12
1.5	Plan de la thèse	13
2 Modélisation d'informations dans la théorie des fonctions de croyance		**15**
2.1	Introduction	17
2.2	Représentations des BBA	17
2.3	Types de BBA	20
2.4	Opérateurs	21
	2.4.1 Affaiblissement des croyances d'une BBA	21
	2.4.2 Harmonisation de l'espace de discernement	23
2.5	Premières règles de combinaison	28
	2.5.1 Règle orthogonale	28
	2.5.2 Règle conjonctive	30
2.6	Décomposition canonique	31
	2.6.1 Introduction	31
	2.6.2 Combinaison de BBA par décomposition canonique	35
2.7	Principe du moindre engagement et ordonnancement	36
	2.7.1 Introduction	36
	2.7.2 Ordonnancements	36
2.8	Autres règles de combinaison	37
	2.8.1 Règle conjonctive prudente	37
	2.8.2 Règle disjonctive	38
	2.8.3 Règle disjonctive hardie	39
	2.8.4 Combinaison de fonctions de croyance avec répartition du conflit	39

2.9	Prise de décision		40
	2.9.1	Introduction	40
	2.9.2	Maximum de plausibilité	40
	2.9.3	Maximum de crédibilité	41
	2.9.4	Maximum de probabilité pignistique	41
2.10	Allocation de BBA		41
2.11	Comparaison de BBA et mesures du conflit		43
	2.11.1	Introduction	43
	2.11.2	Similarité entre BBA, de 1990 à 2010	44
	2.11.3	Conflit entre BBA	47
	2.11.4	Conflit couplé à la similarité	49

3 Décomposition du conflit — 51
- 3.1 Introduction … 52
- 3.2 Position du problème … 54
- 3.3 Étude des conflits internes à une BBA … 54
  - 3.3.1 BBA décomposable en deux sous-groupes consonants … 57
  - 3.3.2 BBA décomposable en M sous-groupes consonants … 61
  - 3.3.3 Validation numérique et simulations … 67
- 3.4 Conclusion … 69

4 Applications — 71
- 4.1 Détection préventive de chute … 72
  - 4.1.1 Un problème d'équilibre … 72
  - 4.1.2 Données utilisées … 73
  - 4.1.3 Modèle de fusion … 74
  - 4.1.4 Exploitation du conflit et résultats … 75
- 4.2 Application au problème de la localisation d'un véhicule … 77
  - 4.2.1 Problème de localisation … 77
  - 4.2.2 Estimateur de mouvement … 78
  - 4.2.3 Données utilisées … 80
  - 4.2.4 Modèle de fusion … 80
  - 4.2.5 Exploitation du conflit … 81
  - 4.2.6 Résultat de l'expérience A … 83
  - 4.2.7 Résultats de l'expérience B … 83
  - 4.2.8 Conclusion … 88
- 4.3 Ré-allocation canonique … 88

5 Conclusion — 93

Bibliographie — 97

A Annexe au chapitre 1 — 105
- A.1 Illustration de l'imprécision sur l'incertitude … 105

A.2 Conflit et modélisation 106

B Annexe au chapitre 2   **109**

C Annexe au chapitre 3   **113**

D Annexe au chapitre 4 : Forces et mouvement permettant l'équilibre d'un bicycle 119
     D.1 Force centrifuge versus force centripète 119
     D.2 Vitesse angulaire de lacet 120
     D.3 Estimation du rayon de courbure 121
     D.4 Moments perturbateurs et gyroscopiques 122

Chapitre 1

Introduction générale

Table des matières

1.1	Contexte et intention de l'étude	6
1.2	Conflit et complémentarité	7
	1.2.1 Notion de conflit	7
	1.2.2 Notion de complémentarité	9
1.3	De la théorie des probabilités aux fonctions de croyance	9
1.4	Problématique	12
1.5	Plan de la thèse	13

1.1 Contexte et intention de l'étude

Le monde, tel que peut le voir l'être humain, est composé d'un ensemble de phénomènes que celui-ci interprète au travers des diverses facultés qu'il possède. Cette perception [†] d'un phénomène environnant permettra à l'homme d'évoluer au sein de son environnement. Considérons l'action simple de se diriger : celle-ci utilise généralement la faculté de la vue. Dans certains cas, des composantes environnementales peuvent aider ou compléter l'information nécessaire pour se diriger, comme l'odeur d'un gâteau peut aider à se diriger vers celui-ci, ou le toucher d'un mur peut aider à longer un couloir. On comprend alors qu'une action simple peut être engendrée par une composition de différentes sources d'information et d'un cerveau capable d'interpréter indépendamment puis globalement l'ensemble de ces informations. En termes plus techniques, une source d'information est représentée par un capteur physique et une composition de capteurs est nommée un système multi-capteurs.

En accord avec Dubois [9], nous appelons information tout élément permettant de comprendre ou évaluer un phénomène (par exemple, la perception d'une odeur de cuisson apporte de l'information sur l'état de la cuisson). Ce sont les qualités proprioceptives ou extéroceptives des capteurs physiques qui permettent d'appréhender un phénomène physique via une mesure aussi appelée observation. Chacune de ces mesures physiques, ou observations, est traitée puis convertie en une variable d'état pertinente pour le système (associée à une décision). Dans notre exemple, le nez convertit l'odeur, les particules de l'air, en une variable d'état interprétable par le cerveau permettant la décision sur l'état de la cuisson. L'ensemble des décisions possibles appartiennent à un cadre de discernement adapté à la situation.

Le domaine de l'aide à la personne donne un deuxième exemple où la réalité est représentée par une personne évoluant dans un milieu (appartement, hôpital, etc.). Un système multi-capteurs permet d'acquérir un ensemble d'informations sur la position, le mouvement, l'activité de cette personne, puis, au travers d'un processus de fusion, décide de l'action à effectuer (prévenir les secours, allumer la lumière, etc.).

La multiplication des sources de données permet d'accroître la fiabilité de l'interprétation des observations (issues du système multi-capteurs), notamment en termes de robustesse face aux perturbations telles que le bruit [‡]. Ces informations sont partiellement redondantes car issues d'un même phénomène, et partiellement complémentaires de par des aspects physiques ou géographiques (ou les deux) différents d'une source à l'autre.

Enfin la synthèse des informations est effectuée par un processus dit de fusion de données permettant de générer une information globale aux sources et, *in fine*, de décider de la valeur d'une variable d'état, caractérisant le phénomène observé.

Présentons le mécanisme de raisonnement dans le cas de l'être humain. La connaissance qu'il possède de ses objectifs, ses contraintes et problèmes lui permet de choisir la solu-

---

[†]. La perception est une faculté d'un être vivant qui relie l'action de celui-ci au monde environnant (ce que nous nommons réalité). Notons ici que ce terme est généralisé au monde inanimé des capteurs, la liaison avec la réalité sera effectuée par le biais d'un dispositif électronique.

[‡]. Signal non représentatif de l'observation ajouté au signal utile.

1.2. CONFLIT ET COMPLÉMENTARITÉ

tion la plus adaptée. Cette solution est issue d'un ensemble de choix ou opinions [†] préalables. Dans le cas d'un groupe de personnes, toute décision consensuelle [‡] est le résultat d'une négociation [§] reposant sur un regroupement d'informations (issues d'un ensemble de sources). Le mécanisme de raisonnement, intrinsèque à une personne, combine l'ensemble des opinions afin que la décision soit la plus adaptée au problème posé. Ce mécanisme peut être généralisé à l'ensemble d'un groupe de personnes où chaque personne dispose de ses propres opinions et où les opinions de toutes les personnes seront combinées afin de déterminer la décision consensuelle au groupe.

Prenons l'exemple de trois personnes (P_1, P_2 et P_3) qui se posent le problème : *"où dîner ?"*. Les choix mis à disposition sont : *"Restaurant"*, *"Fast Food"*, *"Chez Gérard"*. Chaque personne a une opinion plus ou moins précise quant à chacun des choix proposés. Supposons que cette indétermination soit modélisée par l'union (opérateur $\cup$) des éléments de l'indétermination (par exemple si P_1 hésite entre *"Restaurant "* et *"Fast Food"* alors P_1 choisira l'élément *"Restaurant $\cup$ Fast Food"*).

Soit les préférences suivantes des personnes :
- P_1 préfère aller au *"Restaurant"*, ou en deuxième choix au *"Fast Food"* mais refuse la solution *"Chez Gérard"*.
- P_2 préfère aller *"Chez Gérard"*, ou sinon est indifférent, c'est-à-dire que en deuxième choix accepterait *"Restaurant $\cup$ Fast Food"*.
- P_3 préfère aller *"Chez Gérard"* ou en deuxième choix *"Fast Food"* mais refuse d'aller au *"Restaurant"*.

Un vote maximisant la satisfaction du premier choix des personnes donne la solution *"Chez Gérard"* mais celle-ci ne satisfait pas P_1. Notons que dans cet exemple, si l'on décide en éliminant les propositions refusées par au moins une personne, on a comme solution *"Fast Food"*. Cette dernière solution est un compromis qui permet de minimiser le conflit (notion qui sera définie par la suite) ou l'insatisfaction.

L'objet de cette thèse est de proposer une méthodologie ainsi que différents outils d'exploitation des désaccords internes à un système multi-capteurs appelés conflit. L'interprétation et la mesure du conflit sont des points de recherche ouverts.

1.2 Conflit et complémentarité

1.2.1 Notion de conflit

Le sens du mot conflit apparaît au XIIème siècle du bas latin "conflictus" (choc, heurter). Différents dictionnaires comme "Le petit Robert" ou le "Larousse" définissent le conflit comme étant une lutte, un combat en renvoyant à des termes connexes comme antago-

---
[†]. Une opinion est un avis préconçu sur un sujet, ici représenté par un choix. Une opinion n'est pas nécessairement issue d'une connaissance rationnelle, elle n'est donc pas nécessairement juste et peut différer suivant les sources.
[‡]. Un consensus est un accord interne à un groupe permettant de prendre une décision. Une décision consensuelle désigne un accord sur un choix consenti par l'ensemble des membres du groupe.
[§]. Recherche d'un accord commun.

nisme, conflagration, discorde, opposition, tiraillement. En philosophie, il est défini comme un rapport de deux pouvoirs ou de deux principes dont les applications exigent dans un même objet des déterminations contradictoires.
L'adjectif conflictuel appartient à l'usage didactique (psychanalytique, social) instauré par Levi-Strauss [41]. Il définit une situation de conflit ou pouvant engendrer un conflit.
Les définitions précédentes convergent en définissant objectivement un état conflictuel comme un état empêchant toute décision consensuelle. Nous insistons sur le fait que ce conflit ne naît pas d'une contradiction entre la réalité et l'information représentant cette réalité mais d'un désaccord entre les sources supposées observer une même réalité ou devant faire des choix.

Vocabulaire caractérisant l'information :
Un désaccord/conflit inter-sources peut être engendré par un ensemble de causes. Dans notre cas nous nous focaliserons uniquement sur la notion de conflit sans chercher à classifier celui-ci. Néanmoins, l'étude de celui-ci nécessite de définir ces différentes classes. Les définitions suivantes sont issues de [7],

- *Incertitude.* L'incertitude est relative à la "vérité" d'une information, et caractérise son degré de conformité à la réalité [24].
- *Imprécision.* L'imprécision concerne le contenu de l'information et mesure donc un défaut quantitatif de connaissance, sur une mesure [24]. Cette notion est parfois abusivement confondue avec celle d'incertitude, car les deux types d'imperfection sont souvent présents simultanément, et l'un peut induire l'autre.
- *Conflit.* Le conflit caractérise deux ou plusieurs informations conduisant à des interprétations contradictoires et donc incompatibles. L'identification et l'exploitation du conflit est l'axe central développé dans cette thèse.

Chacune de ces mesures constitue une part de l'imperfection de la source. On observera que ces imperfections ne sont pas indépendantes les unes des autres, par exemple l'imprécision peut provoquer de l'ambiguïté.

L'état conflictuel au sein d'un groupe de personnes est généralement issu d'un désaccord d'opinions. Le déclenchement de cet état provient d'une divergence d'opinions et le degré de conflit est lié à la véhémence avec laquelle les opinions respectives sont défendues. Dans un cadre plus technique le conflit peut avoir différentes origines, dont certaines liées aux erreurs de modélisation comme :

- un mauvais choix de l'espace de discernement.
  Exemple : soit un espace de discernement de prévision météorologique $\{Pluie, Neige, Soleil\}$ et une source observant un ciel nuageux. Le résultat de l'observation peut être ambigu et/ou non fiable car l'espace de discernement considéré n'est pas adapté.
- un défaut du capteur, une panne, un dysfonctionnement, une rupture de liaison, etc.
- une mauvaise calibration, une mauvaise paramétrisation ou un mauvais réglage mécanique.
- une erreur sur la précision de l'information (ce qui peut conduire à un engagement trop important sur certaines hypothèses).

1.2.2 Notion de complémentarité

Au sens large, deux sources sont dites complémentaires si l'information de la première est différente de l'information de la seconde, on comprend alors que soit la première précise la deuxième (ou inversement) soit les deux informations sont en désaccord. Nous distinguerons les deux types par la suite. Certains auteurs estiment le degré de complémentarité à partir d'une mesure de corrélation ou par des mesures de similarité (par exemple issues de la théorie de l'information).

Deux informations différentes seront partiellement complémentaires tout en étant compatibles et éventuellement conflictuelles. La fusion s'intéresse généralement à combiner des informations différentes en supposant que leurs différences sont principalement de la complémentarité compatible.

Deux types de complémentarité sont donc distingués.

1. La complémentarité telle que la combinaison des sources permettra une précision de l'information délivrée. Nous parlerons de complémentarité "non-conflictuelle" puisque l'information complémentaire est non contradictoire (i.e. les informations des sources sont compatibles entre elles).
La complémentarité "non-conflictuelle" exprime la quantité d'information issue d'une source précisant l'information d'une autre source (indépendante de la première) et n'apportant pas de conflit lors d'une combinaison.
Par exemple, une source distinguant $A \cup C$ de B est complémentaire d'une source distinguant $A \cup B$ de C sans qu'il y ait de conflit entre les sources.

2. La complémentarité où la combinaison sera conflictuelle. Nous parlerons de complémentarité "conflictuelle" quand l'information complémentaire est en contradiction partielle ou totale (i.e. les informations des sources ne sont pas compatibles).

1.3 De la théorie des probabilités aux fonctions de croyance

Différents cadres formels ont été proposés pour modéliser des informations incertaines et ont été utilisés dans le cadre de la fusion d'informations numériques. Nous donnons ici des rappels des théories des probabilités et des fonctions de croyance (qui constituent notre cadre d'étude) et nous invitons le lecteur à se référer aux différentes références pour une étude plus précise.

Représentation de l'incertitude

La théorie des probabilités

La théorie des probabilités est l'une des premières théories de l'incertain. L'aspect déductif de la théorie est élaboré par Blaise Pascal au 17e siècle tandis que l'aspect inductif est présenté majoritairement par Thomas Bayes et Pierre-Simon Laplace au 18e siècle. La théorie des probabilités connaît aujourd'hui cinq interprétations dont une fréquentiste et une autre subjective.

Les probabilités fréquentistes sont définies à partir des observations d'un grand nombre d'occurrences d'un phénomène. Elles représentent la proportion de fois qu'une occurrence se produit. L'exemple type est le jeu de lancer de pièce où un grand nombre de lancers permet de calculer la proportion de fois que la pièce tombe sur Pile ou Face. Une des limites de l'approche fréquentiste est qu'elle nécessite un apprentissage ne pouvant pas être toujours effectué correctement et qu'elle s'applique mal à des phénomènes uniques.

Les probabilités subjectives représentent, elles, la "chance" qu'un événement se produise. Cette chance est estimée selon un modèle où les connaissances *a priori* ne se réfèrent pas nécessairement à des expériences préalables.

L'ensemble des événements possibles forme un espace d'hypothèses noté Ω. Les probabilités sont définies selon quatre axiomes :

1. $\forall A \in \Omega,\ 0 \leq P(A) \leq 1$,
2. $P(\Omega) = 1$,
3. $\forall (A, B) \in \Omega^2 \mid A \cap B = \emptyset,\ P(A \cup B) = P(A) + P(B)$,
4. $\sum_{A \in \Omega} P(A) = 1$.

Un des intérêts de la théorie des probabilités provient de la notion de probabilité conditionnelle qui va permettre de relier une mesure ou observation à une hypothèse de Ω.
La définition d'une probabilité conditionnelle est :

$$\forall (A, B) \in \Omega^2,\ P(A \mid B) = \frac{P(A \cap B)}{P(B)} \tag{1.1}$$

La règle de Bayes s'écrit :

$$P(A \mid B) = \frac{P(B \mid A) P(A)}{P(B)} \tag{1.2}$$

Le théorème de Bayes ci-dessus permet de passer d'une probabilité conditionnelle d'observer x étant donnée une hypothèse H_i avec $\Omega = \{H_1, ..., H_n\}$ à la probabilité conditionnelle d'observer H_i étant donnée l'observation x. Soit un ensemble de M sources $S_j,\ j \in \{1, ..., M\}$ délivrant chacune une observation x_j. Soit $p(x_j \mid H_i)$ la densité de x_j conditionnelle à H_i. La probabilité a posteriori d'une hypothèse H_i de Ω conditionnellement aux mesures est :

$$P(H_i \mid x_1, ..., x_M) = \frac{p(x_1, ..., x_M \mid H_i) \times P(H_i)}{p(x_1, ..., x_M)}. \tag{1.3}$$

Dans le cas de l'indépendance des sources conditionnellement à H_i, l'équation 1.3 se simplifie :

$$P(H_i \mid x_1, ..., x_M) = \frac{\prod_{j=1}^{M} p(x_j \mid H_i) \times P(H_i)}{p(x_1, ..., x_M)}. \tag{1.4}$$

Le produit présent dans l'équation 1.4 représente une combinaison conjonctive des M sources et nécessite de connaître la probabilité a priori de l'hypothèse. En outre, rappelons que l'indépendance des sources n'est que rarement vérifiée en pratique. La théorie

1.3. DE LA THÉORIE DES PROBABILITÉS AUX FONCTIONS DE CROYANCE

des probabilités repose sur des fondements mathématiques éprouvés ainsi qu'un ensemble d'outils et de concepts permettant entre autres un apprentissage des modèles. Cependant la modélisation de l'incertitude devient complexe quand en outre elle est entachée d'imprécision.

Nous illustrerons les problèmes de modélisation liés à l'imprécision sur l'incertitude au travers du paradoxe d'Ellsberg (voir annexe A.1).

Théorie des fonctions de croyance

La théorie des fonctions de croyances présentée par Shafer dans [60, 61] (*Evidence theory*) est fondée sur les notions de probabilités inférieure et supérieure proposées par Dempster dans [14, 15, 16, 17]. Elle a été ensuite étendue et développée par plusieurs auteurs, en particulier Smets [65] et Denoeux [18] en s'écartant de l'interprétation probabiliste. Elle présente un cadre formel adapté à la représentation de l'imprécision et de l'incertitude (et non la seule incertitude). Les hypothèses considérées sont l'ensemble des hypothèses singletons, appelé espace de discernement Ω, mais aussi toutes les disjonctions de ces hypothèses et $\emptyset$ dont l'interprétation sera développée par la suite. Ainsi les informations partielles concernant une union d'hypothèses seront plus facilement manipulées.

Cette théorie représente l'imprécision et l'incertitude à l'aide de deux fonctions :
- la fonction de plausibilité Pl qui prend en compte toute information rendant plausible l'hypothèse considérée, et donc est à la base d'une stratégie optimiste,
- la fonction de crédibilité ou croyance Bel qui prend en compte seulement l'information rendant crédible l'hypothèse considérée, et donc est à la base d'une stratégie pessimiste.

La figure 1.1 donne une interprétation de ces deux fonctions.

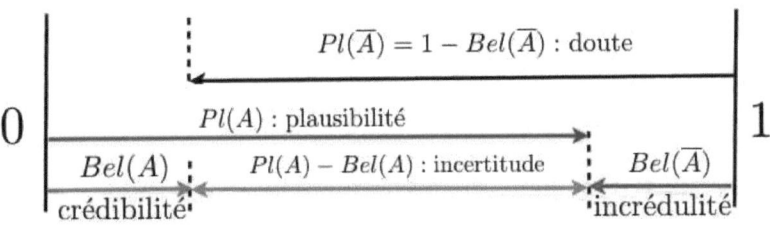

FIGURE 1.1 – Interprétation des fonctions Pl et Bel pour une hypothèse $A \in 2^\Omega$

Conclusion

La théorie des probabilités reste la théorie de l'incertain la plus utilisée encore aujourd'hui. Néanmoins, beaucoup d'auteurs critiquent son incapacité à représenter l'imprécision de la mesure ou de l'incertitude, ainsi que certaines hypothèses contraignantes comme l'exhaustivité de l'espace de discernement et les difficultés liées à l'estimation des paramètres des densités de probabilité et probabilités *a priori*.

La théorie des fonctions de croyance permet de représenter les imperfections de la mesure et de relâcher certaines contraintes (comme la fiabilité du modèle ou de la source) permettant ainsi une modélisation proche de la réalité.

Notons que d'autres théories, telles que celles des ensembles flous [76] et des possibilités [25, 77] ont été également développées pour la représentation de différents types d'imperfections de l'information, mais ne sont pas abordées dans cette thèse.

Pour notre sujet, plusieurs cadres théoriques permettent de modéliser ou utiliser le conflit : la théorie des probabilités, la théorie des sous-ensembles flous, la théorie des possibilités, ou bien encore la théorie des fonctions de croyance. Dans le cadre de cette thèse la problématique du désaccord/conflit inter-sources utilise la théorie des fonctions de croyance.

La plupart des auteurs s'accordent à interpréter le conflit comme un indicateur de confiance en la fiabilité de la modélisation.

Nous montrons en annexe A.2 un exemple de deux modélisations associées à deux raisonnements différents. Nous défendrons ici que le conflit est une information à part entière.

1.4 Problématique

Plusieurs mesures ont été développées afin de mesurer le désaccord entre sources, dont une grande majorité est décrite dans [36, 42]. Une des méthodes consiste à observer le conflit Dempsterien [65] résultant de la combinaison conjonctive des fonctions de masse. Cependant, la non-idempotence de cette règle peut créer un conflit non nul pour la combinaison de deux fonctions de croyances égales. D'autres méthodes reposent sur une mesure de distance entre fonctions de masse. On retrouve un ensemble de distances dérivées des normes L_1 ou L_2 qui mesurent le désaccord inter-sources sur l'ensemble des éléments de l'espace de discernement. Toutes ces mesures sont globales, et ne donnent aucune information sur la source du conflit.

Nous cherchons à exploiter le conflit ou la distance inter-sources comme une source d'information relative au système de fusion. Cette idée est apparue dans plusieurs travaux. Par exemple dans [56, 57], le conflit Dempsterien est utilisé comme un critère de précision de la superposition des images provenant de plusieurs sources. Dans [53] l'auteur propose d'utiliser le conflit entre un modèle de prédiction de l'état d'évolution du système et les observations pour décider si le modèle est approprié ou non, puis si nécessaire de changer de modèle. Schubert [58] propose de calculer des conflits entre des paires de sources, et d'utiliser la valeur du conflit pour regrouper les sources. Dans tous ces exemples le conflit est une mesure globale.

Nous cherchons donc à décomposer le conflit Dempsterien dans le but d'analyser celui-ci. Plus spécifiquement, nous proposons une nouvelle décomposition liée aux différentes hypothèses de l'espace de discernement. Cette décomposition peut être utilisée pour analyser le confit intra-source (i.e. le conflit inhérent à la source) ou le conflit entre sources (i.e. le conflit qui apparaît lors de la fusion des sources).

1.5 Plan de la thèse

Dans le chapitre suivant, nous rappelons les fondements mathématiques de la théorie des fonctions de croyance et introduisons les notations utilisées pour la suite. Le chapitre trois est le cœur de la thèse. Il présente la décomposition de conflit proposée. Le chapitre quatre illustre l'intérêt de cette décomposition au travers de trois applications. Enfin la conclusion et les perspectives sont rassemblées dans le chapitre cinq.

Chapitre 2

Modélisation d'informations dans la théorie des fonctions de croyance

Table des matières

2.1	Introduction	17
2.2	Représentations des BBA	17
2.3	Types de BBA	20
2.4	Opérateurs	21
	2.4.1 Affaiblissement des croyances d'une BBA	21
	2.4.2 Harmonisation de l'espace de discernement	23
2.5	Premières règles de combinaison	28
	2.5.1 Règle orthogonale	28
	2.5.2 Règle conjonctive	30
2.6	Décomposition canonique	31
	2.6.1 Introduction	31
	2.6.2 Combinaison de BBA par décomposition canonique	35
2.7	Principe du moindre engagement et ordonnancement	36
	2.7.1 Introduction	36
	2.7.2 Ordonnancements	36
2.8	Autres règles de combinaison	37
	2.8.1 Règle conjonctive prudente	37
	2.8.2 Règle disjonctive	38
	2.8.3 Règle disjonctive hardie	39
	2.8.4 Combinaison de fonctions de croyance avec répartition du conflit	39
2.9	Prise de décision	40
	2.9.1 Introduction	40
	2.9.2 Maximum de plausibilité	40

CHAPITRE 2. MODÉLISATION D'INFORMATIONS DANS LA THÉORIE DES FONCTIONS DE CROYANCE

    2.9.3   Maximum de crédibilité 41

    2.9.4   Maximum de probabilité pignistique 41

2.10 Allocation de BBA 41

2.11 Comparaison de BBA et mesures du conflit 43

    2.11.1 Introduction 43

    2.11.2 Similarité entre BBA, de 1990 à 2010 44

    2.11.3 Conflit entre BBA 47

    2.11.4 Conflit couplé à la similarité 49

2.1 Introduction

Un modèle non probabiliste...
Le modèle des croyances transférables (MCT) est introduit par Smets et Kennes dans [68]. Là où le modèle original de Shafer représente par la fonction de crédibilité Bel une probabilité inférieure d'un événement, Smets interprète Bel comme un degré de certitude de cet événement.
Pour Smets, l'exhaustivité de l'espace de discernement est difficilement envisageable, une erreur de modélisation et/ou une évolution du contexte pouvant engendrer une découverte d'un nouvel état (hypothèse). Cette remarque donne un sens à part entière à l'hypothèse $\emptyset$. Ainsi, le MCT suppose une fonction de masse m communément appelé BBA ("Basic belief assigment"), telle que $\sum_{A \subseteq \Omega \setminus \emptyset} m(A) \leq 1$. L'élément $\emptyset$ a une masse correspondant à l'ensemble des croyances pouvant ne pas être associées à un élément de $2^\Omega \setminus \{\emptyset\}$ en particulier $(m(\emptyset) = 1 - \sum_{A \subseteq \Omega \setminus \emptyset} m(A))$.

L'élément $\emptyset$ permet alors de représenter :
- un monde ouvert (opposé au monde fermé), relâchant ainsi la contrainte d'exhaustivité de l'espace de discernement. L'ensemble des croyances ne pouvant être allouées à un élément de $2^\Omega \setminus \{\emptyset\}$ sera transféré sur l'élément $\emptyset$: $\emptyset$ est donc l'analogue d'une hypothèse de rejet ;
- une erreur de modélisation (fiabilité des sources, paramétrisation des masses, etc.), qui peut induire une BBA erronée qui conduit à un désaccord/conflit (au sens de Smets) entre sources qui se traduit par une masse non nulle sur l'élément $\emptyset$.

Nous rappelons ici les définitions et notations qui seront utilisées dans la suite.

Définition 2.1 : **Espace des sous-ensembles de l'espace de discernement** :
Un espace de discernement représente un ensemble d'hypothèses possibles. Il est défini en fonction des connaissances a priori sur le monde ainsi que des caractéristiques de la source. Noté Ω, il est composé d'un ensemble d'hypothèses $H_i \in \Omega$. On considère 2^Ω l'ensemble des parties de Ω souvent appelées disjonctions (unions) des hypothèses de Ω. Par exemple dans le cas discret où $\Omega = \{H_1, H_2, ..., H_P\}$ avec P le nombre d'hypothèses, $P = |\Omega|$, on a :

$$2^\Omega = \{\emptyset, \{H_1\}, \{H_2\}, ..., \{H_1, H_2\}, ..., \{H_1, H_3\}, ..., \{H_1, ..., H_P\}\}, \qquad (2.1)$$

2.2 Représentations des BBA

On note classiquement m une BBA, fonction représentative des croyances sur 2^Ω. Néanmoins la définition initiale d'une BBA est une représentation sous la forme de quatre fonctions en relations bijectives. Ces quatre fonctions sont les suivantes :

Définition 2.2 : **Fonction de masse = BBA** :

On appelle fonction de masse, m, la fonction de 2^Ω vers $[0,1]$ telle que :

$$\forall A \in 2^\Omega, m(A) \in [0,1], \tag{2.2}$$

$$\sum_{A \in 2^\Omega} m(A) = 1. \tag{2.3}$$

$m(A)$ représente la masse associée à l'élément $A \in 2^\Omega$ et à aucun sous-ensemble de A. L'ensemble A est dit élément focal si $m(A)$ est non nulle.

L'exemple du chocolat développé dans l'annexe A.2 propose deux distributions possibles de fonction de masse pour un même problème. On observera dans cet exemple à quoi peut correspondre une BBA et les difficultés à représenter une observation dans un espace défini.

Définition 2.3 : Fonction de crédibilité (ou croyance) :
La *crédibilité* d'un élément de 2^Ω représente le degré de croyance minimal de la source en cet élément :

$$\forall A \in 2^\Omega, Bel(A) = \sum_{B \in 2^\Omega \setminus \{\emptyset\} | B \subseteq A} m(B). \tag{2.4}$$

La fonction Bel vérifie trois propriétés :
- elle est croissante, c'est-à-dire que $\forall A, B \subseteq \Omega$ si $A \subseteq B$ alors $Bel(A) \leq Bel(B)$,
- $Bel(\emptyset) = 0$, i.e. $Bel(\emptyset)$ est la crédibilité que l'événement ne corresponde à aucune hypothèse de Ω.
- $Bel(\Omega) = 1$, i.e. le degré de croyance de l'élément Ω est certain en monde fermé ($Bel(\Omega) = 1 - m(\emptyset)$ en monde ouvert).

Inversement à partir de la fonction Bel, la fonction m s'exprime comme :

$$\forall A \in 2^\Omega \setminus \{\emptyset\}, m(A) = \sum_{B \subseteq A} (-1)^{|A-B|} Bel(B), \tag{2.5}$$

$$\text{et } m(\emptyset) = 1 - \sum_{A \neq \emptyset} m(A). \tag{2.6}$$

La non-certitude d'un événement implique un doute sur celui-ci représenté par la fonction suivante :

$$\forall A \in 2^\Omega, Dou(A) = Bel(\overline{A}). \tag{2.7}$$

où $\overline{A}$ est l'hypothèse complémentaire de A.

Définition 2.4 : Fonction d'implicabilité :
L'*implicabilité* est très proche de la crédibilité, elle n'est différente que dans le cas d'un monde ouvert avec $m(\emptyset) \neq 0$:

$$\forall A \in 2^\Omega, b(A) = \sum_{B \in 2^\Omega | B \subseteq A} m(B). \tag{2.8}$$

2.2. REPRÉSENTATIONS DES BBA

Définition 2.5 : Fonction de plausibilité :
La *plausibilité* d'un élément de 2^Ω représente le degré de croyance maximal d'une source pouvant être transféré à l'élément considéré :

$$\forall A \in 2^\Omega, Pl(A) = \sum_{B \in 2^\Omega | A \cap B \neq \emptyset} m(B). \tag{2.9}$$

Les fonctions Pl et Bel sont reliées par :

$$\forall A \in 2^\Omega, Pl(A) = Bel(\Omega) - Bel(\overline{A}), \tag{2.10}$$
$$Pl(A) = 1 - m(\emptyset) - Bel(\overline{A}). \tag{2.11}$$

La plausibilité d'un événement peut être déduit de la fonction de doute :

$$\forall A \in 2^\Omega \setminus \{\emptyset, \Omega\}, Pl(A) = 1 - Dou(A), \tag{2.12}$$

Définition 2.6 : Fonction de communalité :
La fonction de *communalité* est définie par :

$$\forall A \in 2^\Omega, q(A) = \sum_{B \in 2^\Omega | A \subseteq B} m(B). \tag{2.13}$$

La communalité q peut être calculée comme suit :

$$\forall A \subseteq \Omega, q(A) = m(A) - \sum_{B | A \subsetneq B \subseteq \Omega} q(B) \times (-1)^{|B|-|A|}. \tag{2.14}$$

L'équation 2.14 montre que le calcul de $q(A)$ ne dépend que de la masse de A ainsi que des communalités des éléments strictement consonants avec A.
Le tableau 2.1 ainsi que la figure 2.1 résument les différentes mesures modélisant l'information ainsi que leurs relations.

	m	Pl	Bel	b	q
$m(A)$		$\sum_{B \subseteq A}(-1)^{|A|-|B|+1}Pl(\overline{B})$	$\sum_{B \subseteq A}(-1)^{|A|-|B|}Bel(B)$	$\sum_{B \subseteq A}(-1)^{|A|-|B|}b(B)$	$\sum_{A \subseteq B}(-1)^{|B|-|A|}q(B)$
$Pl(A)$	$\sum_{B \cap A \neq \emptyset} m(B)$		$1-m(\emptyset)-Bel(\overline{A})$		
$Bel(A)$	$\sum_{\emptyset \neq B \subseteq A} m(B)$				$\sum_{B \subseteq \overline{A}}(-1)^{\overline{B}}q(B)$
$b(A)$	$\sum_{B \subseteq A} m(B)$	$1-Pl(\overline{A})$	$Bel(A)+m(\emptyset)$		
$q(A)$	$\sum_{A \subseteq B} m(B)$				

TABLE 2.1 – Fonctions de croyance

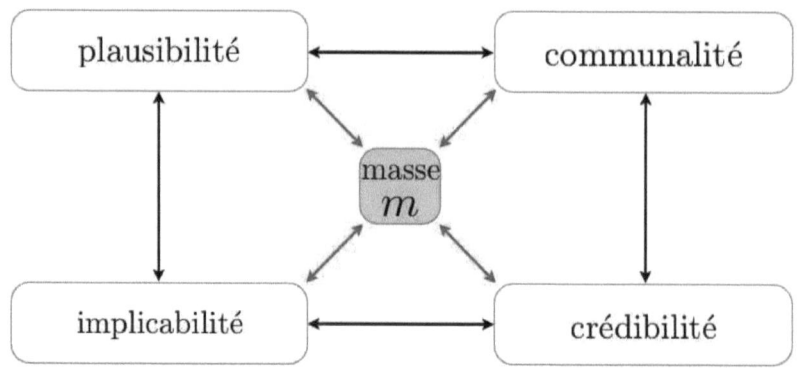

FIGURE 2.1 – Relations entre les représentations de l'information en théorie des fonctions de croyance.

2.3 Types de BBA

Définition 2.7 : Fonction à support simple :
Une fonction est dite à support simple si elle ne possède que deux éléments focaux : Ω et $B \in 2^\Omega \setminus \{\Omega\}$.
Il existe deux types de fonctions à support simple :
- Les BBA à support simple (SSF selon la terminologie anglaise : Simple Support Functions).
  m est une SSF si $\exists w \in]0; 1]$ et $\exists B \in 2^\Omega \setminus \Omega$ tels que :
  $$\forall A \in 2^\Omega, m(A) = \begin{cases} 1 - w, & \text{si } A = B \\ w, & \text{si } A = \Omega \\ 0, & \text{sinon.} \end{cases} \quad (2.15)$$
  m est une BBA représentant une croyance non dogmatique (c.f. définition 2.9) en B.
- Les fonctions à support simple inverse ISSF.
  Une fonction μ est une ISSF si $\exists w \in]1; +\infty[$ et $\exists B \in 2^\Omega \setminus \Omega$ tels que :
  $$\forall A \in 2^\Omega, \mu(A) = \begin{cases} 1 - w, & \text{si } A = B \\ w, & \text{si } A = \Omega \\ 0, & \text{sinon.} \end{cases} \quad (2.16)$$
  μ est une fonction représentant une non-croyance en B.

Définition 2.8 : BBA vide :
Une fonction de masse est dite vide si elle n'est engagée sur aucun des éléments de $2^\Omega \setminus \{\Omega\}$: $m(\Omega) = 1$. Cette BBA est l'élément neutre pour la règle conjonctive.

Définition 2.9 : BBA dogmatique :
Une fonction de masse est dite dogmatique si Ω n'est pas un élément focal, c'est-à-dire si

$m(\Omega) = 0$.

Définition 2.10 : BBA bayésienne :
Une fonction de masse est dite bayésienne si seuls les singletons sont des éléments focaux :
$$\forall A \in 2^{\Omega}, m(A) \begin{cases} \neq 0 & \text{si } A \in \Omega \\ = 0 & \text{sinon } (|A| \neq 1). \end{cases}$$

Définition 2.11 : BBA consonante :
Une fonction de masse est dite consonante si les éléments focaux forment un ensemble totalement ordonné (selon la relation d'inclusion ensembliste).

Définition 2.12 : BBA catégorique :
Une fonction de masse est dite catégorique si elle ne possède qu'un seul élément focal :
$\exists! A \in 2^{\Omega} \mid m(A) > 0$ (alors $m(A) = 1$).

La figure 2.2 illustre ces différents types de BBA.

2.4 Opérateurs

2.4.1 Affaiblissement des croyances d'une BBA

En cas de source de fiabilité douteuse, il est possible d'affaiblir les croyances associées à la source. Les premiers travaux sur l'affaiblissement des fonctions de croyance ont été proposés par Shafer [61] puis axiomatisés par Smets dans [66].

Affaiblissement simple d'une BBA (Shafer) :
Soit une BBA m dont la fiabilité est estimée par un nombre $\alpha \in [0,1]$ (i.e. la non-fiabilité est égale à $1 - \alpha$). On note $\hat{m}$ la BBA résultant de l'affaiblissement de la BBA initiale :

$$\begin{aligned} \forall A \in 2^{\Omega}, \hat{m}(A) &= \alpha m(A), \\ \hat{m}(\Omega) &= m(\Omega) \times \alpha + (1 - \alpha). \end{aligned} \quad (2.17)$$

Si $\alpha = 0$ alors la source est totalement non-fiable et toute la masse est transférée sur Ω, donc $\hat{m}$ est la BBA vide.

Affaiblissement contextuel d'une BBA :
L'affaiblissement défini par l'équation 2.17 affaiblit globalement la BBA. Or, dans certains cas la fiabilité de la source varie en fonction des hypothèses. L'affaiblissement contextuel présenté par Mercier dans [46] associe une valeur de fiabilité de la source en fonction

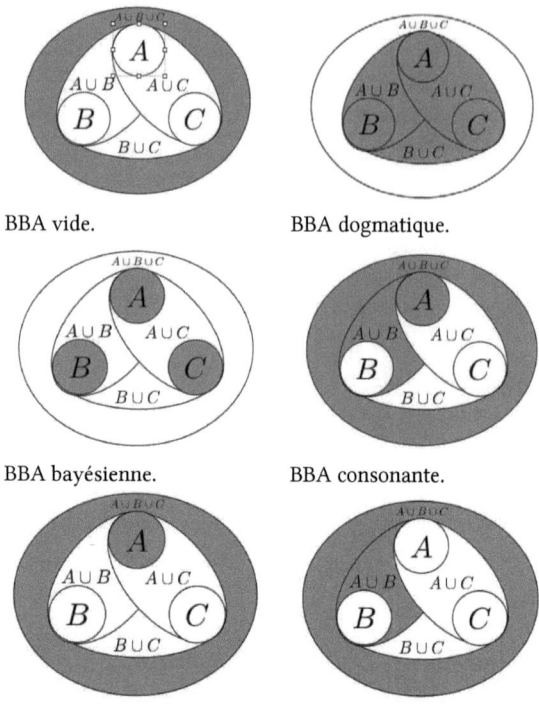

FIGURE 2.2 – Illustration de différents types BBA pour $\Omega = \{A, B, C\}$. Les éléments focaux sont représentés en couleur et les éléments non focaux en blanc.

de l'hypothèse considérée. Le processus d'affaiblissement contextuel d'une BBA m est décomposé en deux étapes :

1. définition d'une partition $\Omega = \cup_{i=1}^{M} \omega_i$ du cadre de discernement Ω, telle que la fiabilité de la source soit constante pour tous les éléments inclus dans un ω_i donné ;
2. définition des M coefficients d'affaiblissement $\alpha_i, i \in \{1, ..., M\}$;
3. définition des M BBA $m_i, i \in \{1, ..., M\}$ définies sur les ω_i telles que :

$$\begin{cases} m_i(\emptyset) &= \alpha_i, \\ m_i(\omega_i) &= 1 - \alpha_i. \end{cases} \qquad (2.18)$$

La BBA affaiblie contextuellement à la partition, notée $\overset{\alpha}{\Omega}m$ est :

$$\overset{\alpha}{\Omega}m \;=\; m \bigcirc_{i=1}^{M} m_i, \qquad (2.19)$$

2.4. OPÉRATEURS

avec ⓓ l'opérateur de combinaison disjonctive défini dans la section 2.8.2. La généralisation de la BBA par affaiblissement contextuel peut transférer de la masse sur des éléments non focaux (de même que l'affaiblissement simple pouvait rendre Ω focal s'il ne l'était pas).

2.4.2 Harmonisation de l'espace de discernement

Les caractéristiques des sources conduisent à manipuler différents espaces de discernement. Cependant, la fusion ne peut être réalisée que dans un seul et même espace. La théorie des fonctions de croyance propose différents moyens de construire un espace de discernement commun [54], initialement défini par Shafer.

Raffinement et grossissement d'une BBA :
Soit Ω_1 et Ω_2 deux espaces de discernement liés par R, fonction de raffinement telle que :

$$R : \Omega_2 \to \Omega_1,$$
$$A \to \cup \omega_i \mid A = \cup \omega_i.$$

Alors la BBA m_1 définie sur Ω_1 est dite un raffinement de la BBA m_2 définie sur Ω_2 si :

$$\forall B \in 2^{\Omega_1}, m_1(B) = m_2(A) \text{ si } \exists A \in \Omega_2 \mid B = A, \quad (2.20)$$
$$= 0 \text{ sinon.} \quad (2.21)$$

Si Ω_1 est un raffinement de Ω_2 alors Ω_2 est un grossissement de Ω_1.

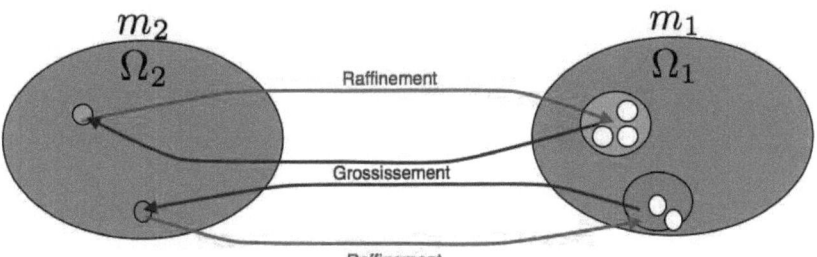

FIGURE 2.3 – Illustration d'un raffinement de Ω_2 vers Ω_1 et d'un grossissement de Ω_1 vers Ω_2. La couleur indique les éléments focaux.

Généralisation par marginalisation et extension vide d'une BBA :
Le processus de *marginalisation* (figure 2.4) permet de passer d'un espace de discernement produit cartésien de deux sous-espaces, à un espace correspondant à l'un des deux sous-espaces.

CHAPITRE 2. MODÉLISATION D'INFORMATIONS DANS LA THÉORIE DES FONCTIONS DE CROYANCE

Soit une BBA m définie sur un espace $\Omega = \Omega_1 \times \Omega_2$. La BBA marginale $m^{\Omega \downarrow \Omega_1}$ définie sur Ω_1 est telle que :

$$\forall A \in 2^{\Omega_1}, m^{\Omega \downarrow \Omega_1}(A) = \sum_{B \in 2^{\Omega} | Proj(B \downarrow \Omega_1) = A} m(B), \qquad (2.22)$$

avec $Proj(B \downarrow \Omega_1)$ désigne le projeté de l'élément B sur Ω_1.
La masse d'un élément $m^{\Omega \downarrow \Omega_1}(A)$ est égale à la somme des masses des éléments de l'espace produit se projetant en A. Il n'est généralement pas possible de retrouver la BBA initiale après une marginalisation de celle-ci.

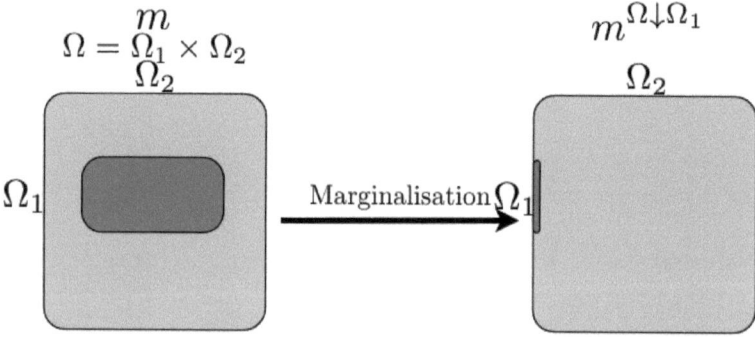

FIGURE 2.4 – Exemple de marginalisation sur Ω_1

L'*extension vide* (figure 2.5) est l'opération duale de la marginalisation, qui permet de rajouter une dimension à un espace de discernement initial.
Soit une masse m^{Ω_1} définie sur un espace Ω_1, l'extension vide étend Ω_1 sur $\Omega = \Omega_1 \times \Omega_2$.

$$\forall A \in 2^{\Omega}, m^{\Omega_1 \uparrow \Omega}(A) = \begin{cases} m^{\Omega_1}(B) & \text{si } \exists B \subseteq \Omega_1 \mid A = B \times \Omega_2, \\ 0 & \text{sinon.} \end{cases} \qquad (2.23)$$

2.4. OPÉRATEURS

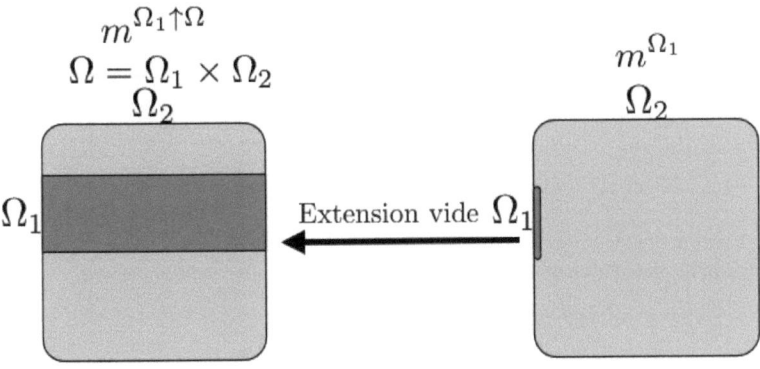

FIGURE 2.5 – Exemple d'extension vide de Ω_1 sur $\Omega = \Omega_1 \times \Omega_2$.

Conditionnement et déconditionnement d'une BBA :
Le *conditionnement* (figure 2.6) permet de prendre en compte une information sur le fait que des hypothèses sont certaines.
Soit un espace de discernement initial Ω. Si $C \in 2^\Omega$ est certain alors la BBA initiale m peut être conditionnée pour que tous ses éléments focaux soient inclus dans C.

$$\forall A \in 2^\Omega, m(A \mid C) = \sum_{B \in 2^\Omega \mid A = B \cap C} m(B). \qquad (2.24)$$

La fonction de plausibilité (Pl) permet une écriture simplifiée du conditionnement,

$$\forall A \in 2^\Omega, \ Pl(A \mid C) = Pl(A \cap C). \qquad (2.25)$$

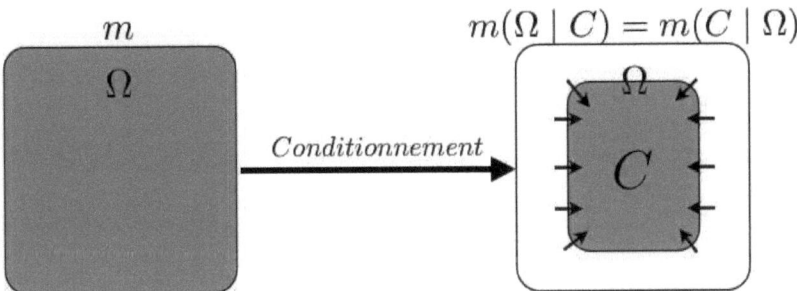

FIGURE 2.6 – Exemple de conditionnement de la BBA m à $C \in 2^\Omega$.

CHAPITRE 2. MODÉLISATION D'INFORMATIONS DANS LA THÉORIE DES FONCTIONS DE CROYANCE

Le *déconditionnement* (figure 2.7) est le processus inverse au conditionnement. Comme pour la marginalisation, la BBA initiale (avant conditionnement) ne peut, dans la plupart des cas, être retrouvée. Le déconditionnement s'appuie sur le principe de minimum d'engagement (c.f. section 2.7), et transfère la masse affectée à une hypothèse $A \subseteq C \subseteq \Omega$ sur $A \cup \overline{C}$:

$$\forall A \in 2^{\Omega} \mid A \subseteq C \subseteq \Omega, m[C]^{\Uparrow \Omega}(A \cup \overline{C}) = m[C](A). \qquad (2.26)$$

Le (re-)conditionnement de $m[C]^{\Uparrow \Omega}$ sur C donne bien $m[C]$.
La fonction de plausibilité permet une écriture simplifiée de déconditionnement.

$$\forall A \in 2^{\Omega}, \begin{cases} Pl[C]^{\Uparrow \Omega}(A) = Pl(A \mid C) & \text{si } \forall A \subset C, \\ Pl[C]^{\Uparrow \Omega}(A) = 1 & \text{si } \forall A \not\subset C. \end{cases} \qquad (2.27)$$

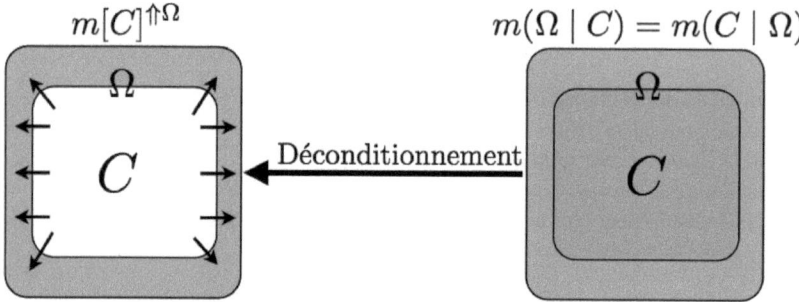

FIGURE 2.7 – Exemple de déconditionnement de $m[C]$ par rapport à $C \in 2^{\Omega}$.

Élargissement d'une BBA :
Soit deux espaces de discernement Ω_1 et Ω_2 reliés par une inclusion (par exemple $\Omega_1 \subsetneq \Omega_2$). L'harmonisation des espaces de discernement nécessite l'élargissement (figure 2.8) de Ω_1 aux hypothèses de $\Omega_2 \cap \overline{\Omega_1}$. Notons qu'il ne s'agit pas d'un raffinement ni d'une extension vide.
L'élargissement suppose que la masse non attribuée à $\Omega_2 \cap \overline{\Omega_1}$ a été "noyée" dans Ω_1. À chaque élément $B \cup \{\Omega_2 \cap \overline{\Omega_1}\}$, tel que $B \in \Omega_1$ est transférée une part de la masse initialement sur B.
Soit m une BBA définie sur un espace $\Omega_1 \subsetneq \Omega_2$, l'élargissement de m, noté m', sur un espace Ω_2 est donné par :

$$\forall B \in 2^{\Omega_1}, \begin{cases} m'(B) & = (1-\alpha)m(B), \\ m'(B \cup \{\Omega_2 \cap \overline{\Omega_1}\}) & = \alpha m(B). \end{cases} \qquad (2.28)$$

Note : si $\alpha = 1$ alors l'élargissement peut être interprété comme un déconditionnement.

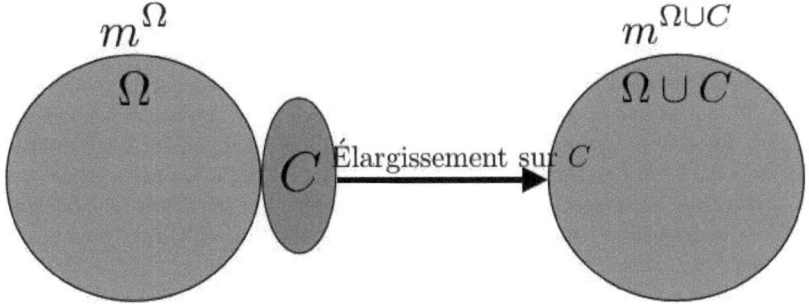

FIGURE 2.8 – Exemple de d'élargissement sur C.

Transformations matricielles d'une BBA en une autre BBA :
Soit m et m_1 deux BBA, et soit M une matrice carrée de taille $2^\Omega \times 2^\Omega$ stochastique telle que $\vec{m} = M \times \vec{m_1}$. On a :

$$\begin{pmatrix} m(A) \\ m(B) \\ m(A \cup B) \\ ... \\ m(\Omega) \end{pmatrix} = \begin{pmatrix} & & \\ & M_{i,j} & \\ & & \end{pmatrix} \times \begin{pmatrix} m_1(A) \\ m_1(B) \\ m_1(A \cup B) \\ ... \\ m_1(\Omega) \end{pmatrix} \quad (2.29)$$

M étant stochastique $M_{i,j} \in [0,1]$ et pour $M_{i,j} \neq 0$ la masse de l'hypothèse d'indice j est transférée vers l'hypothèse d'indice i.

Définition 2.13 : Spécialisation :
m est dite une spécialisation de m_1 si et seulement si il existe une matrice S carrée de taille $2^\Omega \times 2^\Omega$ telle que $\vec{m} = S.\vec{m_1}$ avec S matrice de spécialisation telle que :

$$\forall i, j \in \{1, ..., 2^\Omega\}, S_{i,j} = 0 \text{ si } H_i \nsubseteq H_j. \quad (2.30)$$

La spécialisation d'une BBA m_1 en une BBA m engendre une précision de l'information.

Définition 2.14 : Généralisation :
m est dite une généralisation de m_1 si et seulement si il existe une matrice G carrée de taille $2^\Omega \times 2^\Omega$ telle que $\vec{m} = G.\vec{m_1}$ avec G la matrice de généralisation telle que :

$$\forall i, j \in \{1, ..., 2^\Omega\}, G_{i,j} = 0 \text{ si } H_i \nsupseteq H_j. \quad (2.31)$$

La généralisation d'une BBA m_1 en BBA m engendre une perte de spécificité (précision).

2.5 Premières règles de combinaison

Lorsque plusieurs informations représentées par des fonctions de croyance doivent être fusionnées, on distingue les règles "conjonctives" dont résulte (après combinaison) une BBA qui est une "spécialisation" (définition 2.13) de l'ensemble des BBA initiales, les règles "disjonctives" dont résulte (après combinaison) une BBA qui est une "généralisation" (définition 2.14) de l'ensemble des BBA initiales, et les règles qui ne sont ni conjonctives ni disjonctives. Nous rappelons ici les deux règles conjonctives afin d'introduire la décomposition canonique au paragraphe suivant. Les autres règles seront présentées à la suite (section 2.8).

2.5.1 Règle orthogonale

Historiquement la somme orthogonale est la première règle de combinaison conjonctive, proposée par Shafer lors de l'introduction de la théorie des fonctions de croyance. Elle suppose l'indépendance cognitive des sources et un monde fermé. La somme orthogonale, aussi nommée usuellement règle de Dempster, est notée via l'opérateur $\oplus$.
La somme orthogonale de m_1 et m_2 s'écrit :

$$\forall C \in 2^\Omega \setminus \{\emptyset\}, m_\oplus(C) = \frac{1}{(1-k)} \sum_{\substack{(A,B) \in 2^\Omega \times 2^\Omega | \\ A \cap B = C}} m_1(A) m_2(B), \qquad (2.32)$$

$$\text{avec } k = \sum_{\substack{(A,B) \in 2^\Omega \times 2^\Omega | \\ A \cap B = \emptyset}} m_1(A) m_2(B), \qquad (2.33)$$

$$\text{et } m_\oplus(\emptyset) = 0. \qquad (2.34)$$

Le terme k est le coefficient de normalisation ou communément nommé le conflit Dempsterien. Ce conflit est constitué de l'ensemble des conflits partiels issus de la somme orthogonale, son analyse constituera le point central de ce manuscrit.
L'opérateur $\oplus$ vérifie les propriétés de commutativité et d'associativité, l'élément neutre est la BBA vide. Dans un cas général où l'on dispose d'un ensemble de N BBA $m_i, i \in \{1, ..., N\}$ définies sur un espace Ω, la BBA résultat de la combinaison, s'écrit :

$$m_\oplus = \oplus_{i=1}^N m_i. \qquad (2.35)$$

$$\forall C \in 2^\Omega, m_\oplus(C) = \frac{1}{(1-k)} \sum_{\substack{\{A_{p(j)}, j=\{1,...,N\}\} \in 2^{\Omega^N} | \\ \cap_j A_{p(j)} = C}} \prod_j m_j(A_{p(j)}), \qquad (2.36)$$

$$\text{avec } k = \sum_{\substack{\{A_{p(j)}, j=\{1,...,N\}\} \in 2^{\Omega^N} | \\ \cap_j A_{p(j)} = \emptyset}} \prod_j m_j(A_{p(j)}), \qquad (2.37)$$

où $p(j)$ est une fonction de sélection des hypothèses, $p(j) \in \{1, ..., 2^\Omega\}$.
La contrainte du monde fermé (l'exhaustivité de Ω) implique que l'ensemble de la masse est distribuée sur $2^\Omega \setminus \{\emptyset\}$, ainsi le facteur (nommé conflit interne à la combinaison par

2.5. PREMIÈRES RÈGLES DE COMBINAISON

Dempster) est utilisé pour renormaliser les éléments focaux de la BBA.
L'utilisation de la fonction de communalité (équation 2.13) donne une écriture simplifiée de la somme orthogonale :

$$\forall A \in 2^\Omega, q_\oplus(A) = \frac{1}{1-k} \prod_{i=1}^{N} q_i(A), \tag{2.38}$$

avec $q_\oplus$ la fonction de communalité de la BBA résultat de la somme orthogonale des N sources $m_i, i \in \{1, ..., N\}$, et q_i la fonction de communalité de la BBA m_i.

Nous allons illustrer par simulation comment $|\Omega|$ peut impacter la combinaison. La simulation est réalisée comme suit : pour chaque échantillon i, on tire une hypothèse H_i, ensuite pour chaque source on tire une observation x_{S_j} selon la loi conditionnelle à l'hypothèse tirée (H_i). Enfin pour chaque observation, on calcule les $|\Omega|$ probabilités conditionnelles et on construit une BBA selon l'allocation de Dubois et Prade (c.f. section 2.10). Soient $m_1^{(i)}$ et $m_2^{(i)}$ les deux BBA associées à l'échantillon. Les observations sont modélisées par un processus stochastique de distribution gaussienne de variance σ_{obs} conditionnellement à l'hypothèse. Dans le cas où les distributions et leurs paramètres sont connus, les $|\Omega|$ probabilités d'une observation peuvent être calculées. La figure 2.9 montre l'évolution du facteur k issu de la combinaison de $m_1^{(i)}$ avec $m_2^{(i)}$ en fonction de $|\Omega|$.
La valeur de k indiquée est la moyenne sur 5000 échantillons.

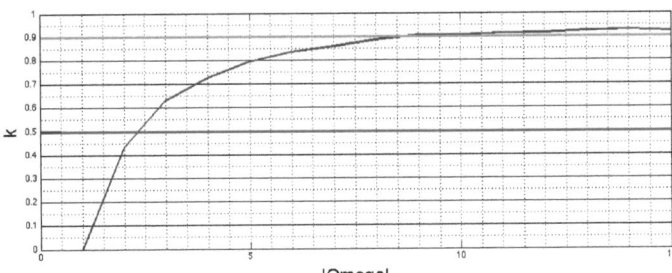

FIGURE 2.9 – Évolution du conflit k interne à la combinaison en fonction du cardinal de Ω. Pour chaque valeur de $|\Omega|$ ($\in [2, 15]$) trois phénomènes sont observables, de moyenne $\mu_i = 1, 2, 3$, les hypothèses ont des moyennes équiréparties dans $[1; 3]$ et de variance $\sigma_{obs} = 0, 2$. La simulation montre que même en dehors d'un réel conflit (source non fiable ou modèle erroné), la valeur de k croît.

La somme orthogonale a comme inconvénient de gommer le conflit [7], comme illustré dans l'annexe B.

2.5.2 Règle conjonctive

La règle conjonctive est le pendant de la somme orthogonale pour un monde ouvert. Selon Smets [68] si les sources à fusionner sont modélisées correctement (en tenant compte de leur fiabilité via un affaiblissement par exemple), le conflit intra-combinaison (conflit de Dempster représenté par le coefficient k) ne peut provenir que d'une mauvaise définition de l'espace de discernement Ω. Ce conflit ne sera pas redistribué sur l'ensemble des éléments focaux, mais interprété en tant que masse allouée à $\emptyset : m(\emptyset) = k$.

La règle conjonctive est couramment nommée règle de Smets, l'opérateur conjonctif est noté $\textcircled{\cap}$.

Dans le cas de deux BBA m_1 et m_2 la combinaison conjonctive est définie par :

$$\forall C \in 2^\Omega, m_{\textcircled{\cap}}(C) = \sum_{\substack{(A,B) \in 2^\Omega \times 2^\Omega \\ A \cap B = C}} m_1(A) m_2(B). \tag{2.39}$$

Elle vérifie les propriétés de commutativité et d'associativité, l'élément neutre est la BBA vide.

Dans le cas général où l'on dispose de N BBA à combiner, on a :

$$\forall C \in 2^\Omega, m_{\textcircled{\cap}}(C) = \sum_{\{A_{p(j)}, j=\{1,...,N\}\} \in 2^{\Omega^N} | \cap_j A_{p(j)} = C} \prod_j m_j(A_{p(j)}). \tag{2.40}$$

où $p(j)$ est une fonction de sélection des hypothèses, $p(j) \in \{1, ..., 2^\Omega\}$.

L'utilisation de la fonction de communalité (équation 2.13) donne une écriture simplifiée de la règle conjonctive :

$$\forall A \in 2^\Omega, q_{\textcircled{\cap}}(A) = \prod_{i=1}^N q_i(A), \tag{2.41}$$

avec $q_{\textcircled{\cap}}$ la fonction de communalité de la BBA résultat de la conjonction des N sources $m_i, i \in \{1, ..., N\}$, et q_i la fonction de communalité de la BBA m_i.

Par la simulation suivante nous voulons montrer comment le nombre de sources peut impacter le degré de conflit global ($m(\emptyset)$). La simulation est effectuée de façon similaire à la simulation de la figure 2.9, avec ici $|\Omega| = 3$ et $m(\emptyset)$ moyenné sur 5000 échantillons. Lors de la conjonction d'un nombre de sources $N > 2$ la masse associée à l'élément $\emptyset$ ne peut qu'augmenter. La figure 2.10 présente l'évolution de $m(\emptyset)$ en fonction du nombre de sources combinées. L'application de la règle de combinaison conjonctive permet au travers du degré de conflit (au sens de Smets) d'obtenir une information sur le désaccord inter-sources, désaccord pouvant par la suite être utilisé pour infirmer ou non le résultat de la combinaison. La valeur de la masse de l'ensemble vide post-combinaison conjonctive est fortement liée à la modélisation de l'information (par exemple : au cardinal de Ω) ou au nombre de sources à fusionner ce qui rend l'interprétation de sa valeur délicate (c.f. exemple de Zadeh en annexe B),

2.6 Décomposition canonique

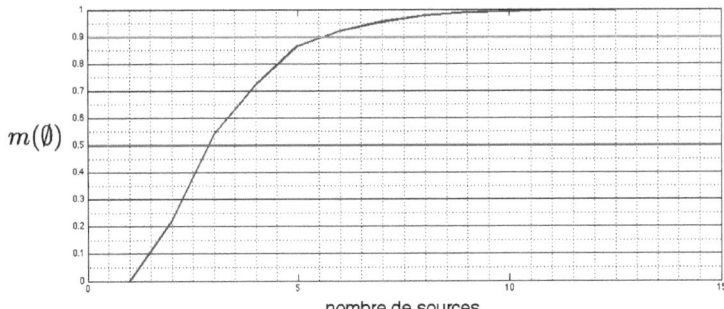

FIGURE 2.10 – Évolution du conflit (au sens de Smets) en fonction du nombre de sources combinées ($\in [1, 15]$).

2.6.1 Introduction

La décomposition canonique est introduite en 1976 par Shafer [61], puis reprise dans le cadre du Modèle des Croyances Transférables (MCT) par Smets [67]. Elle propose une interprétation d'une BBA comme la combinaison d'un ensemble de fonctions appuyant ou rejetant telle ou telle hypothèse, plus précisément comme une conjonction de fonctions à support simple (c.f. définition 2.7).
Initialement Shafer [61] définit la décomposition canonique des fonctions à support simple (SSF) avec $w \in [0, 1]$, qui sont donc des BBA. Une BBA m sera dite séparable (et notée SBBA) si et seulement si elle est non-dogmatique et si elle peut être représentée par la somme orthogonale (équation 2.35) d'un ensemble de SSF :

$$m = \oplus_{A \in 2^\Omega \setminus \{\Omega\}} A^{w(A)}, \tag{2.42}$$

avec $A^{w(A)}$ la SSF (Simple Support Fonction, définition 2.7) associée à l'élément A.
Smets [67] propose d'étendre la décomposition canonique au cas où $w(A) \in]-\infty, +\infty[$ avec $m = \bigcirc_{A \in 2^\Omega \setminus \{\Omega\}} A^{w(A)}$. $A^{w(A)}$ est alors nommée fonction à support simple généralisée (GSSF) pouvant être de trois types :

1. si $w \in [0, 1]$, $A^{w(A)}$ est une SSF,
2. si $w \in]1, +\infty[$, $A^{w(A)}$ est une ISSF (fonction à support simple inverse),
3. il existe mathématiquement le cas où $w \in [-\infty, 0[$. Cette fonction à support simple est nommée RSSF (fonction à support simple racine carrée) ou IRSSF (fonction à support simple racine carrée inverse). Ce dernier cas ne sera pas étudié dans ce manuscrit, le lecteur peut se référer à [67].

"Croire" ou "ne pas croire"?
La théorie des fonctions de croyance définit $Bel(H)$ comme la croyance que H se produise et $Bel(\overline{H})$ la croyance que $H' \subseteq \Omega \setminus \{H\}$ se produise, or *peut-on dire que cela implique*

que H ne se produise pas ? Si $Bel(H) > 0$ alors la proposition H est "vraie" ("on" croit que). $Bel(\overline{H}) > 0$ ne signifie pas qu'on croit que H est faux, mais que $\overline{H}$ peut être vrai. Supposons le cas où l'on dispose d'une BBA représentative des croyances d'une personne, la décomposition canonique représente la BBA sous la forme d'une combinaison conjonctive de l'ensemble des personnalités de cette personne. Chacune des personnalités est engagée sur un seul élément de $2^\Omega \setminus \{\Omega\}$ et "croit" ou "ne croit pas" en la réalisation de l'élément. L'exemple suivant, repris de la publication de Smets [67], illustre comment on peut ne pas croire en la réalisation d'un élément de 2^Ω.

Exemple 2.1 :
"The Pravda Bias. You are in 1980, away from home, and read in a copy of an article published in a journal that the economic situation in Ukalvia is good. You do not know which journal the paper was copied from and You never heard about Ukalvia. So You had no a priori whatsoever about the economic status in Ukalvia, and now after having read the document, You might have some reasons to believe that the economic status is good. The 'some reasons' reflects the strength of the trust You put in the information published in a journal. Then a friend in which You have full confidence mention to You that Ukalvia is a region of the USSR and that the document was published in the Pravda. By experience, You have some reasons not to believe what the Pravda says when it describes the good economic status of Ukalvia, it might just be propaganda. The reasons to believe (called the confidence) that the economic status in Ukalvia is good result from the information presented in the initial document and Your general belief about journal information. The reasons not to believe it (called the diffidence) result from what You know about the Pravda. If both 'reasons' counter-balance each other, You end up in a state of total ignorance about the economic status in Ukalvia. It might be that the confidence component is stronger than the diffidence component. Then You will end up with a slight belief that the economic status in Ukalvia is good (but the belief is not as strong as if You had not heard that the journal was the Pravda and Ukalvia was in USSR). If the diffidence component is stronger than the confidence component, then You are still in a state of 'debt of belief', in the sense that You will need further confidence component (some extra information that support that the economic status in Ukalvia is good) in order to balance the remaining diffidence component. In such a case, if You are asked to express Your opinion about the economic status in Ukalvia, You might express it under the form : 'So far, I have no reason to believe that the economic status is good, and I need some extra reasons before I start to believe it'."

Ainsi, Smets définit que pour tout poids $w(A) > 1, A \in 2^\Omega$, il existe une ISSF représentative de ce poids modélisant la croyance que A ne se produise pas. Lors de la combinaison de l'ISSF avec des SSF, Smets propose le terme '*Absorbtion belief*' pour signifier le fait qu'une part de la croyance (ici en A) sera absorbée par la non croyance en celle-ci. Dans la suite le terme de GSSF est génériquement utilisé pour exprimer une fonction à support simple dont la valeur du poids est quelconque.

Pour toute fonction de croyance m non-dogmatique, il existe une unique décomposition

2.6. DÉCOMPOSITION CANONIQUE

en un ensemble de GSSF définies sur Ω. Shafer [61] définit la fonction de poids (nommée : *function of evidence*), dont l'équation est donnée par :

$$\forall A \in 2^\Omega, w(A) = \prod_{B|A \subseteq B \subseteq \Omega} q(B)^{(-1)^{|B|-|A|+1}}, \qquad (2.43)$$

ou encore $\forall A \in 2^\Omega, \ln(w(A)) = - \sum_{B|B \supseteq A} (-1)^{|B|-|A|} \ln q(B). \qquad (2.44)$

Exemple 2.2 :
Soit $\Omega = \{H_1, H_2, H_3, H_4\}$ l'équation 2.43 donne :

$$\begin{aligned}
w(H_1) &= \frac{1}{q(H_1)} \times q(H_1 \cup H_2) \times q(H_1 \cup H_3) \\
&\quad \times q(H_1 \cup H_4) \times \frac{1}{q(H_1 \cup H_2 \cup H_3)} \\
&\quad \times \frac{1}{q(H_1 \cup H_2 \cup H_4)} \times \frac{1}{q(H_1 \cup H_3 \cup H_4)} \times q(\Omega), \\
w(H_1 \cup H_2) &= \frac{1}{q(H_1 \cup H_2)} \times q(H_1 \cup H_2 \cup H_3) \times q(H_1 \cup H_2 \cup H_4) \times \frac{1}{q(\Omega)}, \\
w(H_1 \cup H_3) &= \frac{1}{q(H_1 \cup H_3)} \times q(H_1 \cup H_2 \cup H_3) \times q(H_1 \cup H_3 \cup H_4) \times \frac{1}{q(\Omega)}, \\
w(H_1 \cup H_4) &= \frac{1}{q(H_1 \cup H_4)} \times q(H_1 \cup H_2 \cup H_4) \times q(H_1 \cup H_3 \cup H_4) \times \frac{1}{q(\Omega)}, \\
w(H_1 \cup H_2 \cup H_3) &= \frac{1}{q(H_1 \cup H_2 \cup H_3)} \times q(\Omega), \\
w(H_1 \cup H_2 \cup H_4) &= \frac{1}{q(H_1 \cup H_2 \cup H_4)} \times q(\Omega), \\
w(H_1 \cup H_3 \cup H_4) &= \frac{1}{q(H_1 \cup H_3 \cup H_4)} \times q(\Omega), \\
w(\Omega) &= 1.
\end{aligned}$$

Nous proposons ici une écriture de $w(H_1)$, poids d'une hypothèse H_1, en fonction des poids des hypothèses H telles que $H \supsetneq H_1$.

Proposition 2.1 :

$$\forall A \in 2^\Omega, \ w(A) = \frac{q(\Omega)}{q(A)} \prod_{B \in \mathcal{C}, A \subsetneq B} w(B)^{(-1)}. \qquad (2.45)$$

où $\mathcal{C} \subseteq 2^\Omega$ est l'ensemble des éléments de la décomposition canonique de la BBA et w est la fonction de poids relative à cette décomposition avec : $\begin{cases} \forall B \in \mathcal{C}, w(B) \neq 1, \\ \forall B \in 2^\Omega \setminus \mathcal{C}, w(B) = 1, \end{cases}$
et q est la fonction de communalité de la BBA.

Preuve. Par définition de la décomposition canonique de m en un ensemble de GSSF sur $\mathcal{C}$ et des poids de cette décomposition, on a :

$$m(\Omega) = \prod_{B \in \mathcal{C}} w(B),$$

et, par définition de la communalité 2.13,

$$m(\Omega) = q(\Omega).$$

Or

$$\forall A \in 2^\Omega, \prod_{B \in \mathcal{C}} w(B) = \prod_{B \in \mathcal{C} | A \subseteq B} w(B) \times \prod_{B \in \mathcal{C} | A \not\subseteq B} w(B),$$

donc

$$\forall A \in 2^\Omega, \prod_{B \in \mathcal{C} | A \not\subseteq B} w(B) = q(\Omega) \times \prod_{B \in \mathcal{C} | A \subseteq B} w(B)^{(-1)}$$

Or, d'après Shafer [61] p. 106

$$\forall A \in 2^\Omega, q(A) = \prod_{B \in \mathcal{C} | A \not\subseteq B} w(B),$$

donc

$$\forall A \in 2^\Omega, q(A) = q(\Omega) \times \prod_{B \in \mathcal{C} | A \subseteq B} w(B)^{(-1)}$$

$$\forall A \in 2^\Omega, w(A) \times q(A) = w(A) \times q(\Omega) \times \prod_{B \in \mathcal{C} | A \subseteq B} w(B)^{(-1)}$$

$$= q(\Omega) \prod_{B \in \mathcal{C} | A \subsetneq B} w(B)^{(-1)}$$

$\square$

Par construction, si m est une BBA consonante non-dogmatique, alors $\mathcal{C}$ est constitué de l'ensemble des éléments focaux de la BBA (excepté Ω). La proposition ci-dessus simplifie le calcul de la décomposition canonique de m puisque seules les valeurs de $w(B), \forall B \mid A \subsetneq B$, sont nécessaires pour calculer $w(A)$.

Dans la suite nous notons $\mu_{i=1,2,...,N}$ l'ensemble des N GSSF de la décomposition canonique de m non-dogmatique, et $\mathcal{C}$ l'ensemble des éléments A_i de la décomposition :
$\mathcal{C} = \{A_1, A_2, ..., A_N\}$.
Ainsi : $\forall A \in \mathcal{C}, A \neq A_i \Rightarrow \mu_i(A) = 0$,

$$\text{d'où}: \forall A \in \mathcal{C}, \sum_{i=1}^{N} \mu_i(A) = 1 - w(A). \tag{2.46}$$

Exemple 2.3 : Illustration de la décomposition canonique :
Soit un système politique limité à 3 hypothèses, $\Omega = \{Gauche, Centre, Droite\}$. Une personne A s'interroge sur son orientation politique. Son doute ainsi que l'imprécision des informations qu'elle possède sur chaque parti forment une croyance modélisée comme suit :

2.6. DÉCOMPOSITION CANONIQUE

	∅	Gauche	Droite	Gauche ∪ Droite	Centre	Gauche ∪ Centre	Droite ∪ Centre	Ω
m_A	0	0,3	0	0,2	0	0,4	0	0,1

La fonction de la décomposition canonique (équation 2.43) donne les valeurs suivantes :

	∅	Gauche	Droite	Gauche ∪ Droite	Centre	Gauche ∪ Centre	Droite ∪ Centre	Ω
w_A	1	1,5	1	0,33	1	0,2	1	1

Dans le cas de cette décomposition $\mathcal{C} = \{Gauche, \{Gauche, Droite\}, \{Gauche, Centre\}\}$, et les trois GSSF $\mu_i, i = \{1, 2, 3\}$, symbolisent différentes personnalités qui 'croient' ou 'ne croient pas' en la pertinence d'un parti (ou de l'union d'un ensemble de partis).

	∅	Gauche	Droite	Gauche ∪ Droite	Centre	Gauche ∪ Centre	Droite ∪ Centre	Ω
μ_1	0	−0,5	0	0	0	0	0	1,5
μ_2	0	0	0	0,67	0	0	0	0,33
μ_3	0	0	0	0	0	0,8	0	0,2

La croyance globale de la personne A est décomposable en trois personnalités (SSF), la première μ_1 (ISSF) ne croit pas en la proposition $Gauche$, la deuxième personnalité μ_2 (SSF) croit en la proposition $Gauche \cup Droite$, enfin la troisième personnalité μ_3 (SSF) croit en la proposition $Gauche \cup Centre$.

L'analyse intuitive de la BBA m_A pourrait faire croire que A a une orientation politique globale envers la proposition $Gauche$, or la décomposition canonique montre qu'il y a une réelle indétermination sur cette proposition. On peut supposer que A n'a pas assez d'information pour dissocier l'ensemble des propositions ou que la modélisation n'est pas adaptée.

2.6.2 Combinaison de BBA par décomposition canonique

Pour une BBA m, si $\forall A \in 2^\Omega, w(A) \in [0, 1]$, alors toutes les BBA $A^{w(A)}$ sont des SSF et m est une SBBA.
Dans ce cas on note :

$$\begin{aligned} m &= \oplus_{i=1}^{|\mathcal{C}|} \mu_i, & (2.47) \\ &= \oplus_{\emptyset \neq A \subseteq \Omega} A^{w(A)}. & (2.48) \end{aligned}$$

Pour une BBA m, si $\forall A \in 2^\Omega, w(A) \in [0, +\infty[$, alors les $A^{w(A)}$ sont des GSSF. Smets [67] propose de généraliser l'équation 2.47 sous la forme :

$$\begin{aligned} m &= \bigcirc_{i=1}^{|\mathcal{C}|} \mu_i, & (2.49) \\ &= \bigcirc_{A \subseteq \Omega} A^{\omega(A)} & (2.50) \end{aligned}$$

On remarquera que des deux équations ci-dessus résulte m alors que les combinaisons sont différentes. Dans le premier cas m est obtenue après normalisation des masses (par le facteur de conflit), alors que dans le deuxième cas la normalisation est effectuée par la GSSF relative à l'élément vide (qui est inexistante dans le premier cas).

CHAPITRE 2. MODÉLISATION D'INFORMATIONS DANS LA THÉORIE DES FONCTIONS DE CROYANCE

Soit N BBA et leurs décompositions canoniques respectives. La combinaison conjonctive de ces BBA est donnée par :

$$m_{\bigcirc} = \bigcirc_{i=1}^{N} m_i, \qquad (2.51)$$

$$= \bigcirc_{A \subseteq \Omega} A^{\prod_{i=1}^{N} w_i(A)}. \qquad (2.52)$$

2.7 Principe du moindre engagement et ordonnancement

2.7.1 Introduction

La notion du moindre engagement est le pendant dans la théorie des fonctions de croyance de la notion de maximum d'entropie en théorie de l'information (dans le cadre probabiliste).

On retrouve une adaptation de la mesure entropique de Shanon adaptée aux fonctions de croyance par Higashi et Klir [33], puis généralisée par Dubois et Prade [22] et nommée mesure de non-spécificité,

$$N(m_i) = \sum_{A \in 2^\Omega \setminus \{\emptyset\}} m(A) \log_2(|A|). \qquad (2.53)$$

La mesure de non-spécificité est bornée sur l'intervalle $[0, \log_2(|\Omega|)]$. Cette mesure ainsi que la mesure de doute (équation 2.7) ne sont pas des mesures de conflit mais une évaluation du degré d'incertitude de la mesure. Pour définir le moindre engagement définissons l'engagement, à partir de la notion d'ordonnancement de BBA.

2.7.2 Ordonnancements

Différents ordonnancements ont été définis entre BBA. Sont rappelés ici les pl,q,s,d-ordonnancements [27] ainsi que le w-ordonnancement [20].
La relation d'ordre entre deux BBA m_1 et m_2 est notée $m_1 \sqsubseteq_x m_2$, $x \in \{pl, q, s, d, w\}$.

Ordonnancement au sens des plausibilités :
Le pl-ordonnancement est défini à partir des fonctions de plausibilité (équation 2.9) des BBA comme suit :
$m_1 \sqsubseteq_{Pl} m_2$ si : $\forall A \in 2^\Omega, Pl_1(A) \leq Pl_2(A)$, on dit que m_1 est plus engagée que m_2 au sens du pl-ordonnancement.

Ordonnancement au sens des communalités :
Le q-ordonnancement est défini à partir de la fonction de communalité (équation 2.4) des BBA comme suit : $m_1 \sqsubseteq_q m_2$ si : $\forall A \in 2^\Omega, q_1(A) \leq q_2(A)$, on dit que m_1 est plus engagée que m_2 au sens du q-ordonnancement.

2.8 AUTRES RÈGLES DE COMBINAISON

Ordonnancement au sens des spécialisations (s-ordonancement) :
On rappelle que la matrice de spécificité S est une matrice carrée où chaque valeur correspond à la proportion de masse transférée (d'un élément focal de m_2 vers un élément focal de m_1 si $\overrightarrow{m_1} = S \times \overrightarrow{m_2}$).
Le s-ordonnancement est alors défini par : si il existe une matrice S telle que $\overrightarrow{m_1} = S\overrightarrow{m_2}$ alors m_1 est une spécialisation de m_2 et m_1 est plus engagée au sens du s-ordonnancement que m_2 (i.e. $m_1 \sqsubseteq_s m_2$).

Ordonnancement au sens des 'spécialisations' dempstériennes (d-ordonnancement) :
Le d-ordonnancement repose sur l'existence d'une spécialisation dempstérienne entre m_1 et m_2. m_1 est dit une spécialisation dempstérienne de m_2 s'il existe une BBA m_3 telle que :

$$m_1 = m_3 ⓞ m_2. \quad (2.54)$$

Dans ce cas $m_1 \sqsubseteq_d m_2$.

Ordonnancement au sens des fonctions de poids issues de la décomposition canonique (w-ordonancement) :
Le w-ordonnancement est défini à partir des fonctions de poids, issues de la décomposition canonique des BBA non-dogmatiques : $m_1 \sqsubseteq_w m_2$ si : $\forall A \in 2^\Omega, w_1(A) \leq w_2(A)$, on dit que m_1 est plus engagée que m_2 au sens du w-ordonnancement.

Remarque 2.1 : Relation d'implication entre ordonnancements :
Notons que dans aucun cas l'ordonnancement n'est total, i.e. soient deux BBA m_1, m_2, trois cas sont possibles, $m_1 \sqsubseteq_x m_2$, $m_2 \sqsubseteq_x m_1$ ou ni $m_1 \sqsubseteq_x m_2$ ni $m_2 \sqsubseteq_x m_1$.
On montre [23] que le q-ordonnancement implique le pl-ordonnancement, ainsi l'engagement $\sqsubseteq_q$ est plus fort que $\sqsubseteq_{Pl}$. De même $\sqsubseteq_s$ implique $\sqsubseteq_q$ et donc $\sqsubseteq_{Pl}$.
Si $m_1 \sqsubseteq_d m_2$ alors $\exists S$ telle que $m_1 = Sm_2$ [38] donc $\sqsubseteq_d$ implique $\sqsubseteq_s$.
Enfin si $m_1 \sqsubseteq_w m_2$, alors il existe une SBBA m_3 donnant $m_1 = m_3 ⓞ m_2$. En effet posons $\forall A, w_3(A) = \frac{w_1(A)}{w_2(A)}$. Comme $\forall A, w_1(A) \leq w_2(A)$, alors $w_3(A) \in]0,1]$, donc $m_3 = ⓞ \, A^{w_3(A)}$ est une BBA. Donc $m_i \sqsubseteq_w m_j$ implique $m_i \sqsubseteq_d m_j$ qui implique $m_i \sqsubseteq_s m_j$. Le w-ordonnancement est donc l'ordonnancement le plus fort.

2.8 Autres règles de combinaison

2.8.1 Règle conjonctive prudente

La somme orthogonale et la combinaison conjonctive supposent l'indépendance cognitive des sources du fait de la non-idempotence de ces règles.
Denoeux dans [20] propose la règle conjonctive prudente qui est idempotente et permet

de combiner des sources dépendantes. C'est une règle de type conjonctif c'est-à-dire dont le résultat est une spécialisation des BBA initiales. Précisément c'est la moins engagée (au sens du w-ordonnancement) des BBA de l'ensemble des BBA plus engagées que les BBA initiales. Soient deux BBA m_1 et m_2 et $R(m_i)$ l'ensemble des BBA plus engagées que $m_i, i \in \{1,2\}$. Une combinaison conjonctive de ces dernières appartient à $R(m_1) \cap R(m_2)$. Suivant le principe du moindre engagement, la règle proposée par Denoeux est la BBA la moins engagée de $R(m_1) \cap R(m_2)$.

Le calcul de la BBA résultat de la combinaison prudente se fait via la décomposition canonique (c.f. section 2.6) de m_1 et m_2 et les fonctions de poids w_1 et w_2.
On note :

$$\forall A \in 2^\Omega, m_{1 \odot 2}(A) = \bigcirc_{A \in 2^\Omega} A^{w_{1 \odot 2}}, \tag{2.55}$$

avec :

$$w_{1 \odot 2}(A) = w_1(A) \wedge w_2(A), \tag{2.56}$$

avec $\wedge$ l'opérateur minimum (ou une autre t-norme).
Pour N BBA, la combinaison s'écrit :

$$m_{\odot} = \bigcirc_{A \in 2^\Omega} A^{\wedge_{i=1}^N w_i(A)}. \tag{2.57}$$

Les propriétés de cette règle conjonctive sont la commutativité, l'associativité, la distributivité, (comme pour la règle conjonctive de Smets et la somme orthogonale de Dempster) et l'idempotence.

2.8.2 Règle disjonctive

Lors d'une combinaison, si au moins une source peut être considérée fiable, alors la combinaison de celle-ci avec une autre source (qui peut être non-fiable) par la règle conjonctive peut engendrer une perte d'information (transfert de croyance sur $\emptyset$). La règle disjonctive permet de préserver l'ensemble des croyances de chaque source (fiable ou non). L'information post-combinaison est une généralisation de l'information initiale de chaque source.

Les éléments focaux de la BBA résultante sont les unions des éléments focaux des BBA initiales.

La combinaison disjonctive de deux BBA m_1 et m_2, notée $m_{\cup}$, s'écrit :

$$\forall C \in 2^\Omega, m_{\cup}(C) = \sum_{\substack{(A,B) \in 2^\Omega \times 2^\Omega | \\ A \cup B = C}} m_1(A) m_2(B). \tag{2.58}$$

Dans le cas général de N BBA $m_i, i \in \{1,...,N\}$, la combinaison disjonctive est définie par :

$$\forall C \in 2^\Omega, m_{\cup}(C) = \sum_{\{\{A_{p(j)}\}, j=1,...,N\} \in 2^{\Omega^N} | \cup_j A_{p(j)} = C} \prod_j m_j(A_{p(j)}). \tag{2.59}$$

2.8. AUTRES RÈGLES DE COMBINAISON

où p est une fonction de sélection des hypothèses, $p(j) \in \{1, ..., 2^\Omega\}$.
L'équation 2.59 peut être simplifiée par la fonction d'implicabilité 2.8 :

$$\forall A \in 2^\Omega, m_{\bigcirc\!\!\!\!\cup}(A) = \prod_{i=1}^{N} b_i(A), \quad (2.60)$$

avec b_i la fonction d'implicabilité de la BBA m_i.
La BBA résultant de la règle disjonctive n'a pas de masse sur $\emptyset$, sauf dans le cas où $\forall i, m_i(\emptyset) > 0$. Reprenons l'exemple de Zadeh (c.f. annexe B.2).

2.8.3 Règle disjonctive hardie

Développée par Denoeux dans [20], la règle disjonctive hardie est le pendant de la combinaison conjonctive prudente pour la règle disjonctive : la BBA résultant est la BBA la plus engagée des BBA moins engagées que les BBA initiales (principe d'information maximum au lieu de principe d'engagement minimum). La fonction de poids disjonctive v, est définie par :

$$\ln(v_i(A)) = -\sum_{B \subseteq A}(-1)^{|A|-|B|}\ln(b_i(B)). \quad (2.61)$$

On note

$$\forall A \in 2^\Omega \setminus \{\emptyset\}, v_{1\textcircled{\scriptsize{v}}2}(A) = v_1(A) \vee v_2(A), \quad (2.62)$$

où $\vee$ est l'opérateur maximum (ou une autre t-conorme). La combinaison par la règle disjonctive hardie de N BBA notée $m_{\textcircled{\scriptsize{v}}}$ s'écrit :

$$m_{\textcircled{\scriptsize{v}}} = \bigcirc\!\!\!\!\cap_{A \neq \emptyset} A^{v_1(A) \vee v_2(A)}, \quad (2.63)$$

2.8.4 Combinaison de fonctions de croyance avec répartition du conflit

Plusieurs auteurs ont proposé de répartir $m(\emptyset)$ sur certains éléments de $2^\Omega \setminus \{\emptyset\}$ comme dans [25, 75]. La somme orthogonale est une première répartition proportionnellement aux masses des éléments avant normalisation. Nous citons ici d'autres règles dites hybrides, car ni conjonctives ni disjonctives, qui ré-allouent $m(\emptyset)$.

Règle de Yager :
Yager [75] interprète la masse de l'ensemble vide comme un degré de non-information des sources initiales et transfère celle-ci sur Ω (en l'absence de toute autre information). Le principe maximise la plausibilité de chaque élément de l'espace de discernement. Soit M BBA $m_j, j \in \{1, ..., M\}$, la combinaison de Yager est définie par :

$$m_{Yager}(A) = m_{\bigcirc\!\!\!\!\cap}(A) \quad \text{si } A \in 2^\Omega \setminus \{\Omega, \emptyset\}, \quad (2.64)$$
$$m_{Yager}(\Omega) = m_{\bigcirc\!\!\!\!\cap}(\Omega) + m_{\bigcirc\!\!\!\!\cap}(\emptyset), \quad (2.65)$$
$$m_{Yager}(\emptyset) = 0. \quad (2.66)$$

La combinaison de Yager est commutative mais non associative.

CHAPITRE 2. MODÉLISATION D'INFORMATIONS DANS LA THÉORIE DES FONCTIONS DE CROYANCE

Règle de Dubois et Prade :

La règle de Dubois et Prade [25] utilise la spécialisation de la règle conjonctive pour traiter la part de complémentarité non-conflictuelle et la généralisation de la règle disjonctive pour traiter la part de la complémentarité conflictuelle. La combinaison suppose que l'espace de discernement est exhaustif. Toute conjonction engendrant un conflit (au sens de Smets (conflit Dempsterien), i.e. $A \cap B = \emptyset$) sera interprétée comme une indétermination entre les éléments de cette conjonction (au moins une des sources se trompe sans que l'on sache laquelle) et la masse relative sera redistribuée sur l'élément disjonctif $A \cup B$.
Soient deux BBA m_1 et m_2 la combinaison par règle de Dubois et Prade est donnée par :

$$\forall C \in 2^\Omega, m_{DP}(C) = m_{\bigcirc\!\cap}(C) + \sum_{\substack{A,B \subseteq \Omega \times \Omega | \\ A \cap B = \emptyset \\ \text{et } A \cup B = C}} m_1(A) m_2(B). \tag{2.67}$$

La combinaison de Dubois et Prade est commutative mais non associative.

Règle de Inagaki :

Inagaki dans [34] fait l'observation que toute règle de combinaison répartissant la masse de l'ensemble vide après combinaison conjonctive peut être écrite sous la forme suivante :

$$\forall A \in 2^\Omega \setminus \{\emptyset\}, m_{Ina}(A) = m_{\bigcirc\!\cap}(A) + w_m(A) \times m_{\bigcirc\!\cap}(\emptyset), \tag{2.68}$$
$$m_{Ina}(\emptyset) = 0, \tag{2.69}$$

avec ici $w_m(A) \in [0,1]$ un coefficient propre à la combinaison répartissant le conflit, et respectant $\sum_{A \in 2^\Omega} w_m(A) = 1$.
Il est montré dans [40, 64] que la règle de Inagaki permet d'obtenir l'ensemble des règles de type conjonctif ou hybride présentées précédemment, avec un ensemble de coefficients w_m approprié.

2.9 Prise de décision

2.9.1 Introduction

La prise décision représente la dernière étape de la fusion. Elle a pour but le choix de l'élément de Ω (ou de 2^Ω quand la fusion ne permet pas de lever toutes les ambiguïtés et qu'il est plus sûr de garder une disjonction comme décision finale). Plusieurs critères ont été proposés.

2.9.2 Maximum de plausibilité

Le critère de maximum de plausibilité correspond à une stratégie de décision optimiste, si l'on interprète la plausibilité comme une borne supérieure de la probabilité :

$$Dec_{Pl} = \arg\max_{H \in \Omega} Pl(H), \tag{2.70}$$

avec Pl la fonction de plausibilité (équation 2.9) associée à la BBA sur laquelle doit s'effectuer la décision. Notons qu'ici la décision est sur Ω (car la croissance de la fonction Pl favoriserait les hypothèses composées).

2.9.3 Maximum de crédibilité

Le critère de maximum de crédibilité correspond à une stratégie de décision pessimiste, si l'on interprète la crédibilité comme une borne inférieure de la probabilité :

$$Dec_{Bel} = arg\max_{H \in \Omega} Bel(H), \qquad (2.71)$$

avec Bel la fonction de crédibilité (équation 2.4) associée à la BBA sur laquelle doit s'effectuer la décision. Comme précédemment, la décision est prise sur Ω.

2.9.4 Maximum de probabilité pignistique

Définition 2.15 : Probabilité piginistique :
La probabilité piginistique est introduite par Smets [65] et définie par :

$$\forall H \in \Omega, BetP(H) = \sum_{A \in 2^\Omega \setminus \{\emptyset\} | H \in A} \frac{m(A)}{|A|(1 - m(\emptyset))}. \qquad (2.72)$$

La transformation pignistique permet de définir à partir d'une BBA une fonction de probabilité. Dans le cas d'un élément focal A de cardinal supérieur à deux, la masse est équirépartie entre tous les singletons de A (analogue à l'hypothèse d'équiprobabilité utilisée en probabilité).

Le critère de maximum de probabilité pignistique définit un critère de compromis entre les critères du maximum de crédibilité et maximum de plausibilité :

$$Dec_{BetP} = arg\max_{H \in \Omega} BetP(H). \qquad (2.73)$$

Remarque 2.2 :
Nous ne considérons pas ici les règles de décision en faveur d'hypothèses non singletons.

2.10 Allocation de BBA

Un processus d'allocation a pour fonction d'allouer une valeur de masse comprise entre 0 et 1 à chaque élément de 2^Ω. À partir de l'information (imprécise et/ou incertaine) délivrée par une source (fiable ou non), et de l'interprétation subjective ou objective que nous en avons est construite une distribution de croyances. L'allocation est un problème : beaucoup d'auteurs définissent leurs propres principes d'allocation (en fonction des applications). Les informations dont on dispose pour faire l'allocation de la BBA sont la valeur de l'observation et (très souvent) des informations a priori sur les hypothèses de Ω (notamment forme paramétrique des probabilités conditionnelles). Les paragraphes suivants présentent un ensemble non exhaustif de processus d'allocation. Nous distinguerons différents types d'allocation :

- celles qui convertissent des probabilités en BBA.

Allocation de Dubois et Prade :

Les auteurs dans[25] proposent une règle d'allocation fondée sur une égalité supposée entre les probabilités bayésiennes et les fonctions de probabilité pignistique définies dans la théorie des fonctions de croyance :

$$\forall H \in \Omega, BetP(H) = p(H). \tag{2.74}$$

Dans [25] $p(H)$ est une vraisemblance (i.e. $P(x \mid H)$). Initialement développée dans le cadre possibiliste, cette l'allocation utilise la vraisemblance qui, une fois normalisée, s'apparente à une distribution de possibilité. Le principe du moindre engagement est ensuite utilisé pour obtenir la distribution de masse. Celle-ci a $|\Omega|$ éléments focaux qui ont comme propriété majeure d'être consonants (c.f. annexe B).

Allocation d'Appriou :

L'allocation d'Appriou (1991 [1],) dérive de l'application du théorème de Bayes généralisé. Dans [1], la plausibilité de l'observation x conditionnellement à sa classe $(Pl^x[H](x))$, avec $H \in \Omega$) est obtenue par un affaiblissement de la probabilité conditionnelle (i.e. $p(x \mid H)$). Le théorème de Bayes généralisé permet alors d'obtenir $Pl^x[H](x)), \forall H \in \Omega$, et $m^\Omega[x]$ peut être décomposée comme la somme conjonctive de $|\Omega|$ fonctions SSF, telles que pour chacune les éléments focaux sont $\overline{H}$ et Ω. Cette allocation est donc appelée allocation par réfutation (voir annexe B).
Notons qu'il existe également une autre allocation [1] dite allocation par affirmation (voir annexe B) où la BBA allouée est le résultat de la combinaison conjonctive de $|\Omega|$ SSF telles que les éléments focaux sont l'élément considéré ($H \in \Omega$), son complémentaire ($\overline{H} \in 2^\Omega$) et Ω.

Outre les deux allocations précédentes qui exhibent un principe (moindre engagement, théorème de Bayes généralisé) pour convertir des distributions de $BetP$ ou de plausibilité en une BBA, il existe des allocations plus ad hoc .

Allocation par affaiblissement bayésien :

Selon cette allocation la probabilité d'une hypothèse $H \in \Omega$ est répartie sur l'hypothèse singleton H ainsi que tous les éléments consonants à H (i.e : $H \cup C, C \in 2^\Omega$) (voir annexe B).

Vote de H contre $\overline{H}$:
De façon très proche à l'allocation par affirmation, les probabilités définies sur un espace Ω peuvent servir à construire des BBA associées aux hypothèses $H \in \Omega$ telles que $m_H(H) = P(H)$ et $m_H(\overline{H}) = 1 - P(H)$ (rappelons que $P(H)$ est une probabilité). La fiabilité de chaque BBA élémentaire m_H induit un affaiblissement simple de coefficient α de cette dernière (voir annexe B).

- celles qui s'inspirent d'algorithmes de clustering :

Allocation par K-plus proches voisins (K-PPV) :
Le processus d'allocation K-PPV est proposé dans [18]. Soit un espace de discernement $\Omega = \{H_1, ..., H_N\}$, et m_s la BBA associée à une observation $x_s, s \in \{1, ..., |\Omega|\}$. Soit M observations $x_i, i \in \{1, ..., M\}$ qui constituent l'ensemble d'apprentissage, i.e. d'étiquette connue. La BBA m_s sera déterminée en considérant les K plus proches voisins de x_s parmi les observations de l'ensemble d'apprentissage ($x_i, i \in \{1, ..., M\}$).
Citons également [20] où est proposé une version évidentielle de l'algorithme des C moyenne flou [5].

2.11 Comparaison de BBA et mesures du conflit

2.11.1 Introduction

La théorie des fonctions de croyance comme la théorie des probabilités modélise l'information sous forme d'une distribution. Une mauvaise paramétrisation, et certains dysfonctionnements intra et inter-systèmes peuvent engendrer des erreurs de modélisation créant un désaccord entre le modèle et la réalité ainsi qu'entre les croyances manipulées par différents systèmes.
Plusieurs processus de comparaison inter-BBA ont été proposés dans la littérature qui sont de trois types :

- comparaison par mesure de similarité,
- comparaison par mesure de conflit,
- comparaison combinant la notion de conflit et de similarité.

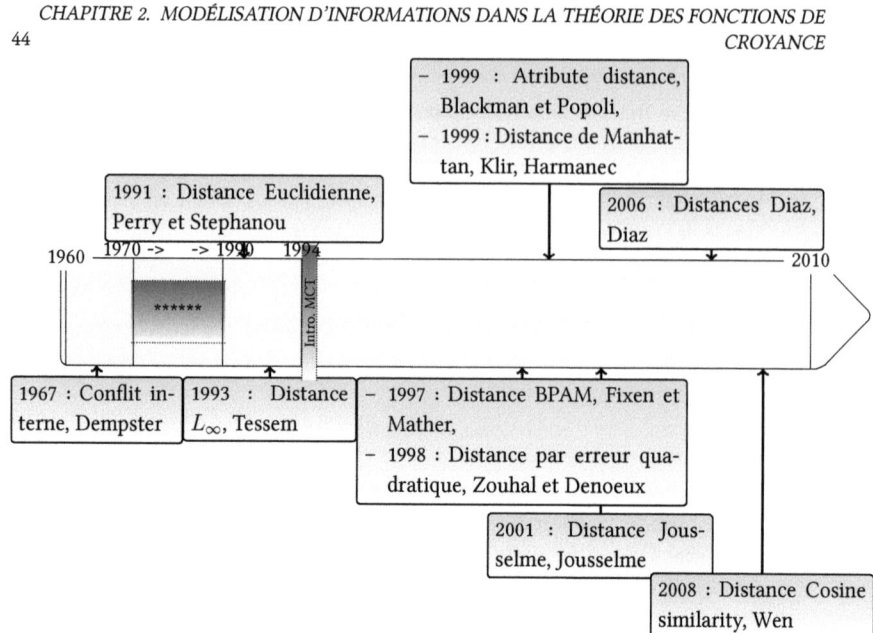

FIGURE 2.11 – Chronologie des mesures de désaccord entre fonctions de croyance (adapté de [36]).

2.11.2 Similarité entre BBA, de 1990 à 2010

La théorie des fonctions de croyance propose un ensemble de mesures permettant de calculer la (dis)similarité entre différentes distributions de masse (BBA). La plupart de ces mesures respectent des propriétés permettant à certaines d'être interprétées comme des distances. Une interprétation géométrique des fonctions de croyance a été proposée dans les travaux de Cuzzolin[12, 13] et initiée dans [30, 35] . Ainsi :
- La similarité (ou dissimilarité) inter-BBA définit une mesure permettant de comparer des entités (ici BBA) distinctes.
- La distance inter-BBA définit une similarité respectant les axiomes spécifiques d'une distance.

La figure ci-dessus replace chronologiquement un ensemble non exhaustif de mesures de similarité inter-BBA [†].
- Mesure divergente (non-métrique) , Perry et Stephanou [50] (1991).
- Mesure de Chebychev (distance), Tessem [70] (1993).
- Mesure BPAM (pseudo-métrique), Fixsen et Mahler [30] (1997).

[†]. Pour plus d'explications, le lecteur peut se rapporter à la synthèse [36] proposée par A.L. Jousselme et P. Maupin.

2.11. COMPARAISON DE BBA ET MESURES DU CONFLIT

- Mesure quadratique (pseudo-métrique), Zouhal et Denoeux [78] (1998).
- Mesure "attribut" (non-métrique) Blackman et Popoli [6] (1999).
- Mesure de Manhattan (distance), Klir [39] et Harmanec [32] (1999).
- Mesure de Jousselme (distance), Jousselme [35] (2001).
- Mesures de Jousselme modifiées (distance), Diaz [21] (2006).
- Mesure par similarité du cosinus (distance), Wen [11] (2008)

Les mesures utilisant uniquement la notion de similarité s'appuient sur une généralisation de la notion de distance L_p. Dans le cadre de la théorie des fonctions de croyance l'équation générale d'une distance entre deux BBA m_1, m_2 s'écrit sous la forme suivante :

$$d_W^{(p)}(m_1, m_2) = \left([(U\vec{m_1} - U\vec{m_2})^{\frac{p}{2}}]^t[(U\vec{m_1} - U\vec{m_2})^{\frac{p}{2}}]\right)^{\frac{1}{p}}, \quad (2.75)$$

avec U la matrice triangulaire supérieure de la décomposition de Cholesky définie telle que $W = UU^t$, W étant une matrice symétrique et définie positive. On note plusieurs instanciations de W en fonction des transformations considérées. Par exemple si $\overrightarrow{m_1 \cap 2} = \vec{m_1}^t W \vec{m_2}$, W correspond à la matrice d'intersection et $\forall i = \{1, 2\}$, $\vec{m_i} = [m_i(H_1) m_i(H_2) m_i(H_1, H_2)...m_i(\Omega)]^t$. L'exposant p est le degré de la distance ($p \in \mathbb{N}^*$) :

- $p = 1$: distance de Manhattan (L_1) :
$$d_W^{(1)}(m_1, m_2) = [(Um_1 - Um_2)^{\frac{1}{2}}]'[(Um_1 - Um_2)^{\frac{1}{2}}], \quad (2.76)$$

Les distances de type L_1 sont introduites en 1999 par Klir [39] et Harmanec [32]. Elles définissent une mesure d'erreur globale aux BBA m_1 et m_2 par une somme des différences absolues entre fonctions représentatives de ces BBA, par exemple (liste non exhaustive) :

La fonction Bel, pour Klir [39] :
$$d_{Bel}^{(1)}(m_1, m_2) = \sum_{H \in \Omega} |Bel_1(H) - Bel_2(H)|, \quad (2.77)$$

La fonction Pl, pour Denoeux [19] :
$$d_{Pl}^{(1)}(m_1, m_2) = \sum_{H \in \Omega} |Pl_1(H) - Pl_2(H)|, \quad (2.78)$$

La fonction $BetP$:
$$d_{BetP}^{(1)}(m_1, m_2) = \sum_{H \in \Omega} |BetP_1(H) - BetP_2(H)|. \quad (2.79)$$

Les fonctions Bel, Pl, et $BetP$ sont l'analogue de probabilités (inférieure, supérieure, pignistique) dans le cadre des fonctions de croyance. Dans les mesures ci-dessus, seules les hypothèses singletons sont impliquées : on peut donc voir ces mesures comme des distances.

- $p = 2$: distances Euclidiennes (L_2) :
$$d_W^{(2)}(m_1, m_2) = \left((U\vec{m_1} - U\vec{m_2})]^t[(U\vec{m_1} - U\vec{m_2})]\right)^{\frac{1}{2}}, \quad (2.80)$$
$$= \sqrt{(\vec{m_1} - \vec{m_2})^t W(\vec{m_1} - \vec{m_2})}, \quad (2.81)$$

avec $W = U'U$ matrice symétrique et définie positive. Le cadre des fonctions de croyance propose un ensemble de formes différentes de la matrice W et donc de distances $d_W^{(2)}(m_1, m_2)$.

- $p = \infty$: distances de Chebychev (L_∞) :
$$d_W^{(\infty)}(m_1, m_2) = \max\{|(U\overrightarrow{m_1})^t - (U\overrightarrow{m_2})^t|\}, \tag{2.82}$$
Les distances de Chebychev mesurent l'erreur maximum entre les BBA 1 et 2. Dans [70], Tessem propose trois mesures de type L_∞ respectivement à partir des fonctions pignistique, plausibilité et crédibilité :

$$d_{Bel}^{(\infty)}(m_1, m_2) = \max_{H \in \Omega} |Bel_1(H) - Bel_2(H)|, \tag{2.83}$$

$$d_{Pl}^{(\infty)}(m_1, m_2) = \max_{H \in \Omega} |Pl_1(H) - Pl_2(H)|, \tag{2.84}$$

$$d_{BetP}^{(\infty)}(m_1, m_2) = \max_{H \in \Omega} |BetP_1(H) - BetP_2(H)|. \tag{2.85}$$

Dans la suite de ce paragraphe on cite quelques-unes des mesures de type distances (métrique ou pseudo-métrique), proposées dans la littérature au cours des deux dernières décennies.

- La mesure BPAM (Bayesian Percent Attribute Miss) est une pseudo-métrique initialement proposée dans le cadre d'une classification :
$$d_{BPMA}^{(2)}(m_1, m_2) = m_1^t T m_2, \tag{2.86}$$
avec $T(A, B) = \frac{P(A \cap B)}{P(A)P(B)}, \forall A, B \in \Omega \setminus \{\emptyset\} \times \Omega \setminus \{\emptyset\}$, et P la distribution de probabilité a priori sur Ω. La pseudo-métrique d_{BPMA} ne satisfait pas la propriété de séparabilité.

- La mesure proposée par Zouhal et Denoeux [78] s'écrit :
$$d_{BetP^2}^{(2)}(m_1, m_2) = \overrightarrow{m_1}^t T \overrightarrow{m_2}, \tag{2.87}$$
avec $T(A, B) = \frac{|A \cap B|}{|A|.|B|}, \forall (A, B) \in 2^\Omega \setminus \{\emptyset\}$.
On rappelle que $BetP_i(A) = \sum_{B \in 2^\Omega} m_i(B) \frac{|A \cap B|}{|B|}$, alors $d_{Bet^2}^{(2)}(m_1, m_2) = \overrightarrow{m_1}^t T_1^t T_2^t \overrightarrow{m_2}$
avec $T_1(A, B) = T_2(A, B) = \frac{|A \cap B|}{|B|}, \forall (A, B) \in 2^\Omega \setminus \{\emptyset\}$.
T est une matrice semi-définie positive, $d_{BetP^2}^{(2)}$ est donc une pseudo-métrique.

- Dans [55] Petit-Renaud, à partir d'une mesure de Hausdorff, estime un critère de mesure entre deux BBA :
$$d^{(2)}(m_1, m_2) = \sqrt{(m_1 - m_2)^t W (m_1 - m_2)}, \tag{2.88}$$
où W est une matrice $2^\Omega \times 2^\Omega$ définie positive.
Jousselme propose dans [35] une définition de la matrice W à partir de l'index de Jaccard :
$$W(A, B) = J(A, B) = \frac{|A \cap B|}{|A \cup B|}. \tag{2.89}$$

La distance de Jousselme est définie par :
$$d_J^{(2)}(m_1, m_2) = \sqrt{\frac{1}{2}[(\overrightarrow{m_1} - \overrightarrow{m_2})^t J (\overrightarrow{m_1} - \overrightarrow{m_2})]}, \tag{2.90}$$

$d_J^{(2)}$ est symétrique, le facteur $\frac{1}{2}$ normalise la distance.
En suivant le raisonnement associé à la mesure 2.90, Diaz [21] propose 17 extensions

possibles en adaptant la matrice de similarité W. L'interprétation possible de chaque mesure dépend de W et doit être analysée en fonction des besoins de l'utilisateur.

- Wen [11] propose de mesurer la similarité entre m_1 et m_2 par la mesure du cosinus de l'angle entre les vecteurs représentant les BBA :

$$cos_W(\vec{m_1},\vec{m_2}) = \frac{\vec{m_1}^t W \vec{m_2}}{\sqrt{\vec{m_1}^t W \vec{m_1}}.\sqrt{\vec{m_2}^t W \vec{m_2}}} \qquad (2.91)$$

Conclusion

L'état de l'art concernant les mesures de similarité effectué dans cette étude n'est pas exhaustif. Il montre néanmoins que globalement les fondements mathématiques de celles-ci sont issus de généralisations de métriques adaptées aux espaces vectoriels. Les mesures proposées sont toutes globales aux BBA initiales, ainsi comme pour le conflit global les différentes informations sur l'origine des dissimilarités sont noyées en une seule mesure.

2.11.3 Conflit entre BBA

Comme déjà évoqué, la notion de conflit en tant que masse à part entière $m(\emptyset)$ fut définie dans le cadre des fonctions de croyance [68] et est généralement issue de la combinaison conjonctive. La valeur de $m(\emptyset)$ est le plus généralement utilisée comme un degré de bon fonctionnement de la combinaison. Ainsi, une forte valeur de $m(\emptyset)$ est un indicateur du fait que la décision sera non consensuelle. Il est souvent suggéré de gérer $m(\emptyset)$ au travers de différents processus d'affaiblissement (au sens du désengagement de la fonction de masse induisant ce conflit) en sous-entendant que le conflit est dû à des erreurs sur la fiabilité des sources. À l'extrême, $m(\emptyset)$ est aussi utilisé pour regrouper les sources non-conflictuelles et ne combiner que celles-ci (c.f. [58]) sous-entendant que les sources conflictuelles n'observent peut-être pas le même phénomène.
Or la modélisation des croyances d'une source peut, suivant l'allocation, créer une BBA possédant comme éléments focaux des hypothèses d'intersection vide. Dans ce cas la non-idempotence de la règle conjonctive engendre, lors de la combinaison, un conflit $m(\emptyset)$ en partie issu du conflit intrinsèque de la BBA. Martin et Osswald dans [44] suggèrent de relativiser le conflit entre deux BBA par rapport au conflit intrinsèque. Ils définissent ainsi la notion d'auto-conflit :

$$a_s = (\bigcirc^s m)(\emptyset), \qquad (2.92)$$

où $\bigcirc^s$ indique que la fusion conjonctive est itérée s fois.
La figure 2.12 donne un exemple de croissance de a_s en fonction du nombre $s \in \{1, ..., N\}$ d'itérations de la combinaison conjonctive.

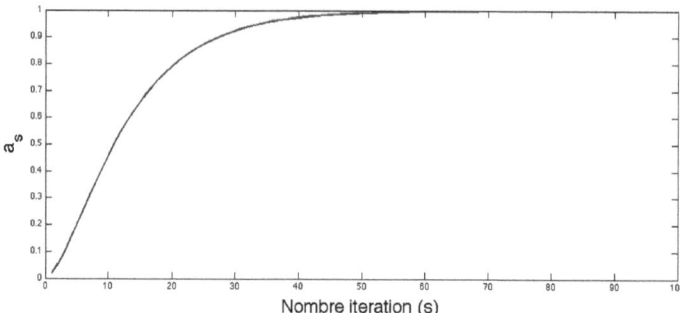

Nombre iteration (s)

FIGURE 2.12 – BBA m définie sur $\Omega = \{H_1, H_2\}$ telle que $m(H_1) = 0.1$, $m(H_2) = 0.1$, $m(\Omega) = 0.8$: auto-conflit a_s en fonction du nombre d'itérations de la combinaison conjonctive. a_s est une fonction croissante de s.

Dans l'exemple des chocolats (annexe A.2) le modèle B construit une BBA pouvant engendrer de l'auto-conflit, ce qu'on a traduit par une frustration de l'enfant quelle que soit sa décision. Même si l'auto-conflit résulte de la non-idempotence de la règle conjonctive, il est formellement dû à la modélisation initiale de la BBA. Ainsi, $m(\emptyset)$ issu d'une combinaison conjonctive est partiellement engendré par l'ensemble des conflits intra-BBA, aussi appelés conflits intrinsèques [44] des BBA à combiner. C. Royère [31, 52] propose une redéfinition du monde ouvert et introduit le *monde ouvert étendu*. Cette nouvelle définition du cadre de discernement doit permettre de dissocier les conflits dus à un manque d'exhaustivité de Ω des conflits propres à chaque BBA. Soit un espace initial $\Omega = \{H_1, ..., H_{|\Omega|}\}$. Le monde ouvert étendu propose une hypothèse H_* représentant "l'inconnu" :

$$\Omega_* = \{H_1, ..., H_{|\Omega|}, H_*\}.$$

On note que H_* est similaire à l'hypothèse de rejet dans le cadre de la théorie des probabilités, néanmoins son utilisation en théorie des fonctions de croyance peut poser certains problèmes de modélisation, comme l'allocation initiale de la BBA puisque H_* représente l'inconnu. Une solution envisageable serait de répartir chaque masse d'un élément focal $A \in 2^\Omega$ sur $A \cup H_*$, mais cette solution fait complètement disparaître le conflit. L'étape décisionnelle peut être la source de questions délicates comme : la décision de l'élément H_* a t-elle un sens ? Ou encore si l'on ne peut pas prendre de décision dans Ω est-il préférable de décider H_* ?

Conclusion :

La définition initiale du conflit de Smets [68] reste aujourd'hui la plus largement admise dans la communauté. Nous notons cependant que, alors que les informations post-combinaison conjonctive de la complémentarité non-conflictuelle sont distribuées sur 2^Ω, les informations de la complémentarité conflictuelle sont transférées sur une seule valeur

2.11. COMPARAISON DE BBA ET MESURES DU CONFLIT

de masse $m(\emptyset)$. L'utilisation d'une valeur scalaire (mesure globale) engendre donc une perte d'information qui pourrait être utile à notre propos (détecter l'origine du conflit).

2.11.4 Conflit couplé à la similarité

Liu dans [42] propose une analyse du conflit via un double critère composé de $m \odot (\emptyset)$ et d'une mesure d'engagement des BBA, à savoir la différence des fonctions pignistiques. Soit $BetP_i, i \in \{1, ..., N\}$, N fonctions pignistiques (c.f. equation 2.72) issues de N BBA m_i définies sur 2^Ω, la distance L_∞ de Tessem [70] fournit le deuxième critère utilisé dans [42] :

$$Dist_{T_{i,j}} = \max_{H \in \Omega} |BetP_i(H) - BetP_j(H)|,$$

L'état conflictuel entre deux BBA est analysé par le couple $(m \odot (\emptyset), Dist_{T_{i,j}})$ avec m_i et m_j déclarées conflictuelles si $m \odot (\emptyset) > \varepsilon_\emptyset$ et $Dist_{T_{i,j}} > \varepsilon_T$ où $\varepsilon_\emptyset, \varepsilon_T \in [0, 1]$ sont des coefficients de tolérance. Liu propose de discrétiser l'espace bidimensionnel du couple $(m \odot (\emptyset), Dist_{T_{i,j}})$, en associant à chacun de ces sous-espaces un type de fusion : conjonctive, disjonctive, etc.

Pour finir citons deux mesures, qui mixent en un même critère le conflit Dempsterien $m(\emptyset)$ et de la similarité inter-BBA :

- Perry et Stephanou [50] proposent une mesure de divergence inter-BBA pour la construction d'une classification. Pour cela ils supposent une mesure de similarité calculée à partir des informations de chacune des sources et de l'information de la combinaison de celle-ci. Ils suggèrent de généraliser à la théorie des fonctions de croyance la mesure de divergence proposée par Kullback-Liebler définie initialement en théorie des probabilités (c.f. [69]). Soit deux BBA, m_i et m_j, la similarité définie par Perry et Stephanou [50] s'écrit :

$$d_{PS}(m_i, m_j) = |\mathcal{F}_i \cup \mathcal{F}_j| \left(1 - \frac{|\mathcal{F}_i \cap \mathcal{F}_j|}{|\mathcal{F}_i \cup \mathcal{F}_j|}\right) + (m_{i\oplus j} - m_i)^t(m_{i\oplus j} - m_j) \quad (2.93)$$

avec $|\mathcal{F}_i|$ l'ensemble des éléments focaux de m_i et $m_{i\oplus j}$ la somme orthogonale de Dempster.
On observe que $d_{PS}(m_i, m_j)$ a deux parties distinctes, la première concerne une similarité structurelle ($|\mathcal{F}_i \cup \mathcal{F}_j| \left(1 - \frac{|\mathcal{F}_i \cap \mathcal{F}_j|}{|\mathcal{F}_i \cup \mathcal{F}_j|}\right)$), la deuxième une similarité informative $((m_{i\oplus j} - m_i)^t(m_{i\oplus j} - m_j))$.

- La distance proposée par Blackman et Popoli [6] est définie par l'équation suivante :

$$d_{BP}(m_i, m_j) = -2 \log \left[\frac{1 - m_{i\oplus j}(\emptyset)}{1 - \max_{l \in \{i,j\}} m_{l\oplus l}(\emptyset)}\right] + (\overrightarrow{m_i} + \overrightarrow{m_j})^t \overrightarrow{g_A} - \overrightarrow{m_i}^t G \overrightarrow{m_i} \quad (2.94)$$

avec $m_{i\oplus j}(\emptyset)$ le conflit Dempsterien, $\overrightarrow{g_A}$ le vecteur d'éléments défini par $\frac{|A|-1}{|H|-1}$ et $G(A, B) = \frac{(|A|-1)(|B|-1)}{(|H|-1)^2}, \forall A, B \subseteq H$.
La première partie de l'équation 2.94 tient compte de la partie conflictuelle de m_1 et m_2, elle est nommée "*Attribute Distance*" par les auteurs. La deuxième partie tient

compte de l'analogie entre les BBA initiales elles est nommé *"ignorance distance"*. La mesure ne vérifie pas l'axiome de non-négativité ce n'est donc pas une métrique.

Conclusion :

Comme pour les similarités, plusieurs mesures du conflit ont été proposées, dont certaines alliant la notion de conflit avec la notion de similarité. Pour la plupart, elles sont liées à un type d'application. Notons que ces mesures soulignent que la seule mesure globale de $m_i \odot_j(\emptyset)$ ne suffit pas à évaluer le conflit de la fusion.

Comme pour les mesures de similarité, les mesures de conflit sont globales à la BBA et ne donnent pas d'information précise sur l'origine même de ce conflit.

Rappelons que l'objectif de cette thèse est de définir une méthode d'analyse du conflit ayant pour but de déterminer les causes de celui-ci. Pour cela nous nous orientons sur une décomposition du conflit Dempsterien permettant de préciser les hypothèses de l'espace de discernement introduisant le conflit. Les notions utilisées sont en grandes majorités fondées sur la décomposition canonique, la combinaison conjonctive et du conflit.

Chapitre 3

Décomposition du conflit

Table des matières

3.1	Introduction	52
3.2	Position du problème	54
3.3	Étude des conflits internes à une BBA	54
	3.3.1 BBA décomposable en deux sous-groupes consonants	57
	3.3.2 BBA décomposable en M sous-groupes consonants	61
	3.3.3 Validation numérique et simulations	67
3.4	Conclusion	69

3.1 Introduction

Le cadre de la théorie des fonctions de croyance permet de modéliser les informations de chaque source, ainsi que les différentes imperfections de celle-ci, sous forme d'une fonction de masse m.

...une fonction de masse m est une combinaison d'un ensemble de fonctions simples dont chacune "croit" en un élément ou un sous-ensemble de l'ensemble de discernement...

Exemple 3.1 : Retour sur l'exemple politique et conflit : Illustration de la décomposition canonique :
Soit un système politique limité à 3 hypothèses exclusives, $\Omega = \{Gauche, Centre, Droite\}$. À l'occasion d'un sondage nous demandons à trois individus (A, B et C) leurs orientations politiques. Leurs choix éventuellement imprécis sont modélisés par les fonctions de masse m_A, m_B et m_C définies sur 2^Ω, à savoir sur cet exemple :

	$\emptyset$	$Gauche$	$Droite$	$Gauche \cup Droite$	$Centre$	$Gauche \cup Centre$	$Droite \cup Centre$	Ω
m_A	0	0,71	0	0,14	0	0,09	0	0,06
m_B	0,2	0,6	0	0	0	0,1	0	0,1
m_C	0	0,5	0	0	0,3	0	0,1	0,1

La décomposition canonique en GSSF des BBA conduit à un ensemble de fonctions notées μ_i, qui représentent symboliquement différentes personnalités des électeurs où chacune d'elle "croit" ou ne "croit pas" en la pertinence d'un parti (ou de l'union d'un ensemble de partis).

	électeur A			électeur B			électeur C			
	μ_1	μ_2	μ_3	μ_1	μ_2	μ_3	μ_1	μ_2	μ_3	μ_4
$\emptyset$	0	0	0	0	0	0,2	0	0	0	-2
$Gauche$	0,5	0	0	0,75	0	0	0,833	0	0	0
$Droite$	0	0	0	0	0	0	0	0	0	0
$Gauche \cup Droite$	0	0,7	0	0	0	0	0	0	0	0
$Centre$	0	0	0	0	0	0	0	0,6	0	0
$Gauche \cup Centre$	0	0	0,6	0	0,5	0	0	0	0	0
$Droite \cup Centre$	0	0	0	0	0	0	0	0	0,5	0
Ω	0,5	0,3	0,4	0,25	0,5	0,8	0,1667	0,4	0,5	3

TABLE 3.1 – Décomposition des croyances des électeurs A, B et C

Les opinions de chacune des personnalités de l'électeur A sont décomposées sur les éléments d'intersection non vide et on observe qu'il n'y a pas de conflit global inter-SSF

3.1. INTRODUCTION

(les éléments focaux des SSF n'ont pas d'intersections vides). L'électeur B possède une masse sur l'ensemble vide ($m_B(\emptyset) = 0, 2$), dont une interprétation possible est qu'une part de la croyance de B ne peut être associée à aucun élément de 2^Ω (l'électeur pourrait voter "blanc" ou "nul"). Les SSF μ_1 et μ_2 donnent crédibles (selon la fonction Bel) des éléments d'intersection non vide, le conflit entre ces SSF est donc nul. Seule la SSF μ_3 apporte donc du conflit. Enfin les croyances de l'électeur C sont décomposées sur trois SSF ($\mu_i, i \in \{1, 2, 3\}$) et une ISSF (μ_4). L'électeur C est composé de quatre personnalités, la première "croit" en l'opinion "*Gauche*", les deux suivantes "croient" respectivement aux opinions "*Centre*" et "*Droite $\cup$ Centre*". La conjonction de l'ensemble des SFF $\mu_i, i \in \{1, 2, 3\}$, engendre un conflit (au sens de Smets [68]). Or, la quatrième personnalité (ISSF μ_4) ne "croit pas" en l'hypothèse $\emptyset$. Ainsi, μ_4 absorbera (c.f. Smets [68]), proportionnellement au degré de réfutation $\mu_4(\emptyset)$, la croyance en l'hypothèse $\emptyset$ lors de sa combinaison conjonctive avec les autres GSSF (ici lors de la conjonction avec les SSF $\mu_i, i \in \{1, 2, 3\}$).

Conclusion :

La combinaison conjonctive de GSSF issues de la décomposition canonique peut engendrer un conflit global. Ce conflit global étant interne à une BBA, nous interpréterons celui-ci par le terme de "conflit interne" à la BBA. Si parmi les GSSF il existe une ISSF, elle absorbera la masse de croyance associée à l'hypothèse Ω (i.e. $\exists i \mid w_i(\emptyset) > 0$). Ainsi, elle réfutera partiellement ou totalement la croyance en l'hypothèse $\emptyset$ issue de la combinaison conjonctive des autres GSSF.

Intuitivement cela signifie que chaque électeur (A, B, C) est composé d'un ensemble de personnalités dont la combinaison conjonctive forme la croyance générale de celui-ci face au problème posé. Si l'électeur développe des personnalités en contradiction, on dit que celui-ci possède un conflit interne [†]. Une part de ce conflit interne peut être éliminé si l'électeur réfute son état conflictuel interne.

Dans la suite, nous nommons conflit interne, le conflit partiel émanant de la combinaison conjonctive d'un ensemble de GSSF issues de la décomposition canonique d'une GBBA ("*Generalized BBA*").

L'exemple 3.1 présente trois électeurs ayant chacun leurs croyances modélisées par une BBA. Quelle que soit la proposition choisie par l'étape décisionnelle, on ne pourra éviter une frustration partielle de l'électeur (voir analogie entre conflit et frustration discutée dans la section A.2) s'il existe initialement un conflit interne à celui-ci. Lors de la combinaison conjonctive des fonctions m_A et m_C, la masse $m_{A \bigcirc\!\!\!\!\cap\, C}(\emptyset)$ sera en partie composée des contradictions inter-électeurs (conflit mutuel inter-BBA) et en partie composée du conflit interne de C (A n'ayant pas de conflit interne).

[†]. Différent de l'auto-conflit [44] représentant la masse de l'ensemble vide lors de la combinaison conjonctive d'une BBA avec elle-même

3.2 Position du problème

Dans cette étude, notre premier objectif est d'identifier et de quantifier les conflits intra-BBA ou conflits internes à une BBA. Nous postulons que pour permettre une interprétation du conflit, sa mesure doit être locale aux éléments de l'espace de discernement et non globale à la BBA initiale.

Cependant il ne semble pas trivial de décomposer le conflit Dempsterien de manière unique, de par l'associativité de la règle conjonctive. Ainsi, la conjonction des croyances des trois individus (A, B et C) engendrant un conflit global noté $m_{A \;\textcircled{\cap}\; B \;\textcircled{\cap}\; C}(\emptyset)$ peut avoir plusieurs écritures équivalentes dont voici deux exemples :

$$m_{A \;\textcircled{\cap}\; B \;\textcircled{\cap}\; C}(\emptyset) \begin{cases} = m_B(\emptyset) \\ \quad + m_{A \;\textcircled{\cap}\; B}(Gauche)[m_C(Droite \cup Centre) + m_C(Centre)]... \\ \quad + m_{A \;\textcircled{\cap}\; B}(Gauche \cup Droite) m_C(Centre), \\ = m_B(\emptyset)... \\ \quad + m_{B \;\textcircled{\cap}\; C}(Centre)[m_A(Gauche) + m_A(Gauche \cup Droite)]... \\ \quad + m_{B \;\textcircled{\cap}\; C}(Droite \cup Centre) m_B(Gauche). \end{cases} \quad (3.1)$$

L'identification des conflits nécessite une réécriture, univoque (i.e. non ambiguë) du conflit global.

Note : le formalisme de la décomposition présentée par la suite est valable pour tout type de BBA non dogmatique (séparable et non séparable), cependant l'interprétation post-décomposition doit être adaptée en fonction de celle-ci.

3.3 Étude des conflits internes à une BBA

Plusieurs auteurs [26, 44] montrent que les BBA catégoriques, les GSSF et les BBA consonantes ne possèdent pas de conflit interne ($\nexists(A,B) \subseteq \Omega \times \Omega \mid A \cap B = \emptyset, m(A) > 0$ et $m(B) > 0$).

Pour analyser le conflit interne à une BBA nous allons décomposer celle-ci sous forme d'une combinaison conjonctive de BBA ne possédant pas de conflit interne. Nous montrons alors que le conflit interne s'écrit comme une somme de conflits locaux engendrés par la combinaison conjonctive de BBA consonantes.

Soit m une BBA non-dogmatique. Nous notons $\mathcal{C}$ le sous-ensemble de 2^Ω tel que $\mathcal{C} = \{A \in 2^\Omega \mid w(A) \neq 1\}$, ou w est la fonction issue de la décomposition canonique2.45 de m. Par définition Ω n'est pas un élément de la décomposition canonique $w(\Omega) = 1$, ainsi $\Omega \notin \mathcal{C}$. Nous notons $\mathcal{C}^*$, $\mathcal{C}$ privé de $\{\emptyset\} : \mathcal{C}^* = \mathcal{C} \setminus \{\emptyset\}$, et nous notons $\mathcal{C}_0 = \{\emptyset\}$. Par convention nous posons $w(\emptyset) = 1$ si $\emptyset \notin \mathcal{C}$.

Définition 3.1 : Sous-ensemble $\mathcal{C}_j$ et BBA associée :
Pour toute BBA non-dogmatique m et l'ensemble $\mathcal{C}$ lui étant associé, soit $\{\mathcal{C}_j, j \in \{1, ..., M\}\}$ les M sous-ensembles consonants (i.e. $\forall j \in \{1, ..., M\}, \forall (A, B) \in \mathcal{C}_j^2, A \subseteq B$ ou $B \subseteq A$)

3.3. ÉTUDE DES CONFLITS INTERNES À UNE BBA

formant une partition de $\mathcal{C}^*$ (i.e. $\mathcal{C}^* = \cup_{j=1}^{M} \mathcal{C}_j$ et $\forall i \in \{1, ..., M\}, \forall j \in \{1, ..., M\} \setminus \{i\}, \mathcal{C}_i \cap \mathcal{C}_j = \emptyset$).
Soit $m_{\mathcal{C}_j}$ la fonction résultant de la combinaison conjonctive des GSSF associées aux éléments de $\mathcal{C}_j$:

$$m_{\mathcal{C}_j} = \bigcirc_{A \in \mathcal{C}_j} A^{w(A)}, \tag{3.2}$$

avec $A^{w(A)}$ une GSSF telle que $A^{w(A)}(A) = 1 - w(A)$, $A^{w(A)}(\Omega) = w(A)$ et $\forall B \in 2^\Omega \setminus \{A, \Omega\}, A^{w(A)}(B) = 0$.

Notons que $m_{\mathcal{C}_j}$ n'est pas nécessairement une BBA, et ses éléments focaux sont dans $\mathcal{C}_j \cup \{\Omega\}$.
Notons également que le fait que les $\mathcal{C}_j$ forment une partition est lié à l'utilisation de la règle conjonctive. En d'autres termes, imposer seulement $\cup_j \mathcal{C}_j = \mathcal{C}$ nécessiterait pour retrouver m de combiner les $\mathcal{C}_j, j \in \{0, 1, ..., M\}$ selon la règle prudente 2.57 (ou du moins une règle idempotente et conjonctive), c.f. la proposition 3.2.

Proposition 3.1 : $\mathcal{C}_j, j \in \{0, 1, ..., M\}$ **partition de $\mathcal{C}$** :
La BBA m s'écrit $m = \bigcirc_{j \in \{0,1,...,M\}} m_{\mathcal{C}_j}$ si et seulement si $\mathcal{C}_j, j \in \{0, 1, ..., M\}$ est une partition de $\mathcal{C}$ (en plus d'être consonant).

Preuve. Soit une BBA m dont la décomposition canonique est effectuée sur $\mathcal{C}$ et donc la fonction de poids est w. Par application de la définition de la décomposition canonique, on a : $m = \bigcirc_{A \in \mathcal{C}} A^{w(A)}$ avec $A^{w(A)}$ la GSSF associée à $w(A)$, ayant pour éléments focaux $A \in \mathcal{C}$ et Ω.
Alors :

$$m = \bigcirc_{j=1}^{M} m_{\mathcal{C}_j} \bigcirc m_{\mathcal{C}_0} = \bigcirc_{j=0}^{M} \bigcirc_{A \in \mathcal{C}_j} A^{w(A)},$$

si et seulement si l'ensemble des $\mathcal{C}_j$ pour $j \in \{1, ..., M\}$ forme une partition de $\mathcal{C}^*$. □

Définition 3.2 : **Sous-ensemble consonant et partition de $\mathcal{C}$** :
Soit $M+1$ sous-groupes $\mathcal{C}_j$ de cardinal $|\mathcal{C}_j|$, $j \in \{0, 1, ..., M\}$. Chacun de ces sous-groupes $\mathcal{C}_j$ est composé d'un ensemble d'éléments A_i de $\mathcal{C}$ consonants : $A_i \in \mathcal{C}_j$, $A_i \in \mathcal{C}$ et $\forall (A_i, A_{i'}) \in \mathcal{C}_j \times \mathcal{C}_j$, $A_i \not\subseteq A_{i'} \Rightarrow A_{i'} \subseteq A_i$. Dans le cas où les $\mathcal{C}_j$ forment une partition de $\mathcal{C}^*$, $A_i \in \mathcal{C}_j \Rightarrow A_i \notin \mathcal{C}_k$, $\forall k \in \{0, 1, ..., j-1, j+1, ..., M\}$.
Rappel : par définition $\emptyset$ est consonant à l'ensemble des éléments de 2^Ω néanmoins nous imposons que si $\emptyset \in \mathcal{C}$ alors il existe un $\mathcal{C}_0$ composé uniquement de $\emptyset$ (i.e. $\mathcal{C}_0 \notin \cup_{j=1}^{M} \mathcal{C}_j = \mathcal{C}^*$).

Exemple 3.2 : **Construction de sous-groupes consonants** :
Soit $\mathcal{C} = \{A, B, A \cup B\}$, $A, B \in 2^\Omega$. Trois partitions de $\mathcal{C}$ peuvent être considérées :
- $\begin{cases} \mathcal{C}_1 = \{A, A \cup B\}, \\ \mathcal{C}_2 = \{B\}, \end{cases}$

$$-\begin{cases} \mathcal{C}_1 = \{B, A \cup B\}, \\ \mathcal{C}_2 = \{A\}, \end{cases}$$

$$-\begin{cases} \mathcal{C}_1 = \{A\}, \\ \mathcal{C}_2 = \{B\}, \\ \mathcal{C}_3 = \{A \cup B\}. \end{cases}$$

On observe qu'il n'y a pas unicité de la construction des $\mathcal{C}_j$. Par la suite nous montrerons l'indépendance de la décomposition du conflit à la construction des sous-ensembles consonants.

Proposition 3.2 : La réunion des $\mathcal{C}_j$ est égale à $\mathcal{C}$ mais les $\mathcal{C}_j$ ne forment pas une partition : Soit m une BBA non dogmatique et $\mathcal{C}_j$, $j \in \{0, 1, ..., M\}$, tels que $\cup_j \mathcal{C}_j = \mathcal{C}$, avec $\mathcal{C}_j$ consonant pour tout j. La BBA m s'écrit :

$$m = \bigotimes_{j=1}^{M} m_{\mathcal{C}_j} \bigotimes m_{\mathcal{C}_0} = \bigotimes_{A \subseteq \Omega} A^{\wedge_{j=1}^{M} w_{\mathcal{C}_j}(A)},$$

$w_{\mathcal{C}_j}$ étant la fonction de poids de la décomposition canonique de la fonction $m_{\mathcal{C}_j}$ et $\bigotimes$ la règle prudente.

Preuve. Soit w la décomposition canonique de m définie sur $\mathcal{C}$ et $\cup_j \mathcal{C}_j = \mathcal{C}$. Si les $\mathcal{C}_j$ ne forment pas une partition de $\mathcal{C}$, alors $\exists (j,k), j \neq k \mid \exists A \in \mathcal{C}_j \cap \mathcal{C}_k$.
On pose $\forall j \in \{0, 1, ..., M\}$ $w_{\mathcal{C}_j}$ telle que $\forall A \in 2^\Omega$, $w_{\mathcal{C}_j}(A) = \begin{cases} w(A) & \text{si } A \in \mathcal{C}_j, \\ 1 & \text{sinon.} \end{cases}$
Ainsi pour $A \in \mathcal{C}_j \cap \mathcal{C}_k$, alors $w_{\mathcal{C}_j}(A) = w_{\mathcal{C}_k}(A) = w(A)$ et $\forall A \in \mathcal{C}_j \cup \mathcal{C}_k$, $\min(w_{\mathcal{C}_j}(A), w_{\mathcal{C}_k}(A)) = w(A)$. On a alors,

$$\forall (j,k) \in \{0, 1, ..., M\}^2, \left[\bigotimes_{A \in \mathcal{C}_j} A^{w_{\mathcal{C}_j}(A)}\right] \bigotimes \left[\bigotimes_{A \in \mathcal{C}_k} A^{w_{\mathcal{C}_k}(A)}\right] = \bigotimes_{A \in \mathcal{C}_j \cup \mathcal{C}_k} A^{\min(w_{\mathcal{C}_j}(A), w_{\mathcal{C}_k}(A))},$$

$$= \bigotimes_{A \in \mathcal{C}_j \cup \mathcal{C}_k} A^{w(A)}$$

D'où :

$$\bigotimes_{j=1}^{M} m_{\mathcal{C}_j} = \bigotimes_{A \in \mathcal{C}^*} A^{\wedge_{j=1}^{M} w_{\mathcal{C}_j}(A)}$$
$$= \bigotimes_{A \in \mathcal{C}^*} A^{w(A)}.$$

De plus, $\forall B \in 2^\Omega \setminus \{\mathcal{C}\}$ $w(B) = 1$. Donc, on a bien :

$$m = \bigotimes_{j=0}^{M} m_{\mathcal{C}_j} = \bigotimes_{A \in 2^\Omega} A^{w(A)}.$$

$\square$

Exemple 3.3 : Les $\mathcal{C}_j$ ne forment pas une partition de $\mathcal{C}$:
Soit $\mathcal{C} = \{A, B, A \cup B\}$ avec $\mathcal{C}_1 = \{A, A \cup B\}$ et $\mathcal{C}_2 = \{B, A \cup B\}$. Nous définisons m

3.3. ÉTUDE DES CONFLITS INTERNES À UNE BBA

comme la combinaison prudente de $m_{\mathcal{C}_1}$ et $m_{\mathcal{C}_2}$.

$$\begin{aligned} m &= m_{\mathcal{C}_1} \bigcirc\!\!\!\!\wedge\, m_{\mathcal{C}_2}, \\ &= [\{A\}^{w(A)} \bigcirc\!\!\!\!\wedge\, \{A \cup B\}^{w(A \cup B)}] \bigcirc\!\!\!\!\wedge\, [\{B\}^{w(B)} \bigcirc\!\!\!\!\wedge\, \{A \cup B\}^{w(A \cup B)}] \\ &= \{A\}^{\min(w(A),1)} \bigcirc\!\!\!\!\wedge\, \{B\}^{\min(w(B),1)} \bigcirc\!\!\!\!\wedge\, \{A \cup B\}^{\min(w(A \cup B), w(A \cup B))} \\ &= \{A\}^{w(A)} \bigcirc\!\!\!\!\wedge\, \{B\}^{w(B)} \bigcirc\!\!\!\!\wedge\, \{A \cup B\}^{w(A \cup B)}. \end{aligned}$$

Dans le cas où les $\mathcal{C}_j$ ne forment pas une partition de $\mathcal{C}$, m s'écrit sous la forme d'une conjonction de fonctions consonantes à condition que la conjonction considérée soit idempotente.

Par la suite, pour la décomposition du conflit proposée, nous utiliserons par convention l'hypothèse d'une construction des $\mathcal{C}_j$ comme partition de $\mathcal{C}$ (non contraignante in fine car la décomposition sera indépendante des $\mathcal{C}_j$).
La fonction $m_{\mathcal{C}_j}$ issue de la combinaison conjonctive des éléments du groupe $\mathcal{C}_j$ s'écrit :

Proposition 3.3 : **Combinaison conjonctive des GSSF d'un sous-ensemble $\mathcal{C}_j$** :
Soit m une BBA non-dogmatique, avec $\{\mathcal{C}_j\}$ et $m_{\mathcal{C}_j}$ comme introduis dans la définition 3.1, $m_{\mathcal{C}_j}$ peut être exprimée comme suit :

$$\forall j \in \{0, 1, ..., M\}, \forall A \in \mathcal{C}_j, \; m_{\mathcal{C}_j}(A) = (1 - w(A)) \times \prod_{\{A_k \in \mathcal{C}_j | A_k \subsetneq A\}} w(A_k) \quad (3.3)$$

La preuve est donnée dans l'annexe C. L'équation 3.3 donne l'expression des fonctions $m_{\mathcal{C}_j}$ associées aux sous-groupes $\mathcal{C}_j, j \in \{1, ..., M\}$. Comme $\mathcal{C}_j$ est consonant, le conflit interne de $m_{\mathcal{C}_j}$ est nul. Analysons à présent le conflit résultant de la combinaison des fonctions $m_{\mathcal{C}_j}$.
Remarque :
$\mathcal{C}_0$ est composé de l'élément $\emptyset$. Si $w(\emptyset) > 1$ alors la fonction représentative de ce sous-ensemble est une ISSF (et la fonction m initiale une GSBBA). La non-existence de $\mathcal{C}_0$ (i.e. $w(\emptyset) = 1$) n'influence en rien la décomposition présentée mis à part le fait que la conjonction des $m_{\mathcal{C}_j}$ ne porte alors que sur $j \in \{1, ..., M\}$. Dans le cas général de l'étude, pour plus de généralité, nous notons $j \in \{0, 1, ..., M\}$ avec $\mathcal{C}_0 = \{\emptyset\}$ si $w(\emptyset) \neq 1$ et $\mathcal{C}_0 = \emptyset$ sinon. (i.e. l'indice j commence en fait à 1 dans les sommes et produits concernés).

3.3.1 BBA décomposable en deux sous-groupes consonants

Soit une BBA m non dogmatique, w la fonction de la décomposition canonique de m et $\mathcal{C}$ l'ensemble des hypothèses de cette décomposition. Nous supposons ici qu'il existe deux sous-groupes consonants notés $\mathcal{C}_1$ et $\mathcal{C}_2$ formant une partition de $\mathcal{C}$. Soit $m_{\mathcal{C}_1}$ et $m_{\mathcal{C}_2}$ les fonctions consonantes résultant de la combinaison conjonctive des GSSF associées à chacun des sous-groupes.

Définition 3.3 : Conflit interne local à un couple d'éléments :
Soit w la fonction de la décomposition canonique de m définie sur $\mathcal{C}$ partitionné en deux sous-groupes $\mathcal{C}_1$ et $\mathcal{C}_2$. On définit $f_\emptyset(A,B)$ le conflit interne à m local aux éléments (A,B) par :

$$\forall (A,B) \in \mathcal{C}_1 \times \mathcal{C}_2, \begin{cases} f_\emptyset(A,B) = \overbrace{(1-w(A)) \times (1-w(B))}^{\text{Conflit direct}} \ldots \\ \qquad\qquad \times \underbrace{\prod_{\substack{C \in \mathcal{C} \\ C \subsetneq A \text{ ou} \\ C \subsetneq B}} w(C)}_{\text{Affaiblissement du conflit direct}} \quad , \quad \text{si } A \cap B = \emptyset, \\ f_\emptyset(A,B) = 0 \qquad\qquad\qquad\qquad\qquad \text{sinon.} \end{cases} \quad (3.4)$$

Proposition 3.4 :
$\forall (A,B) \in \mathcal{C}_1 \times \mathcal{C}_2, f_\emptyset(A,B) = m_{\mathcal{C}_1}(A) \times m_{\mathcal{C}_2}(B)$.

Preuve. Soient $A \in \mathcal{C}_1$, $B \in \mathcal{C}_2$, tels que $A \cap B = \emptyset$. Comme $\{\mathcal{C}_1, \mathcal{C}_2\}$ est une partition, $C \in \mathcal{C}_1 \Rightarrow C \notin \mathcal{C}_2$. Ainsi,

$$\prod_{\substack{C \in \mathcal{C} \\ C \subsetneq A \text{ ou} \\ C \subsetneq B}} w(C) = \prod_{\substack{A_k \in \mathcal{C}_1 \\ A_k \subsetneq A}} w(A_k) \times \prod_{\substack{B_k \in \mathcal{C}_2 \\ B_k \subsetneq B}} w(B_k).$$

En effet : $C \subsetneq A$ et $A \cap B = \emptyset$ implique $C \not\subseteq B$.
Par ailleurs $C \in \mathcal{C}_2$ et $C \not\subseteq B$ implique $B \subsetneq C$ (puisque $\mathcal{C}_2$ est consonant).
Donc $C \subsetneq A$ et $C \in \mathcal{C}_2$ implique $B \subsetneq C \subsetneq A$ ce qui n'est pas possible puisque $A \cap B = \emptyset$.
Donc $C \subsetneq A$ implique $C \in \mathcal{C}_1$ et de même $C \subsetneq B$ implique $C \in \mathcal{C}_2$.
On a alors :

$$\forall (A,B) \in \mathcal{C}_1 \times \mathcal{C}_2 \mid A \cap B = \emptyset,$$
$$f_\emptyset(A,B) = (1-w(A)) \times (1-w(B)) \times \prod_{\substack{A_k \in \mathcal{C}_1 \\ A_k \subsetneq A}} w(A_k) \times \prod_{\substack{B_k \in \mathcal{C}_2 \\ B_k \subsetneq B}} w(B_k),$$
$$= (1-w(A)) \times \prod_{\substack{A_k \in \mathcal{C}_1 \\ A_k \subsetneq A}} w(A_k) \times (1-w(B)) \times \prod_{\substack{B_k \in \mathcal{C}_2 \\ B_k \subsetneq B}} w(B_k),$$
$$= m_{\mathcal{C}_1}(A) \times m_{\mathcal{C}_2}(B) \qquad \text{(d'après l'équation (3.3))}$$

$\square$

Les deux premiers termes de l'équation 3.4 correspondent à la notion de conflit direct introduite par Shafer [61] p. 95-97. Cette dernière représente la conjonction de deux fonctions à support simple dont les éléments focaux (hormis Ω) sont d'intersection vide. Le troisième terme de l'équation 3.4 modélise les ignorances (masses allouées sur Ω) des GSSF n'induisant pas de conflit en relation avec la paire (A,B). Nous l'appelons terme

3.3. ÉTUDE DES CONFLITS INTERNES À UNE BBA

d'affaiblissement du conflit direct.

$m(\emptyset)$ s'écrit alors :

$$\begin{aligned} m(\emptyset) &= \sum_{(A,B)\in 2^\Omega \times 2^\Omega | A\cap B=\emptyset} m_{\mathcal{C}_1}(A) \times m_{\mathcal{C}_2}(B), \\ &= \sum_{(A,B)\in 2^\Omega \times 2^\Omega | A\cap B=\emptyset} f_\emptyset(A,B), \\ &= \sum_{(A,B)\in 2^\Omega \times 2^\Omega} f_\emptyset(A,B). \quad \text{Puisque } f_\emptyset(A,B)=0 \text{ si } A\cap B \neq \emptyset \end{aligned}$$

La mesure proposée $f_\emptyset$ est une décomposition de $m(\emptyset)$. Le conflit interne à une GBBA est ainsi décomposé en une somme de conflits "partiels" locaux à un couple d'hypothèses. Cette décomposition pondère le conflit direct introduit par ce couple par un facteur d'affaiblissement relatif au non-engagement de la BBA vis-à-vis des autres hypothèses. Cette mesure est cependant lourde car elle fait intervenir des paires d'éléments. Aussi, proposons nous à présent une **mesure locale** de conflit, permettant de calculer le conflit introduit par chaque élément de 2^Ω (et non un couple d'éléments comme dans l'équation 3.4).

Définition 3.4 : **Conflit local à un élément d'une BBA décomposable en $M=2$ sous-groupes consonants** :
À partir de l'équation 3.4, nous définissons le conflit induit par un élément de $2^\Omega \setminus \{\Omega\}$ par :

$$\begin{aligned} \forall A \subsetneq \Omega, \ \overline{f_\emptyset}(A) &= \frac{1}{2} \sum_{\substack{B,C \subsetneq \Omega \\ A \in \{B,C\}}} f_\emptyset(B,C). \\ &= \frac{1}{2} \left(\sum_{B \subsetneq \Omega} f_\emptyset(A,B) + \sum_{B \subsetneq \Omega} f_\emptyset(B,A) \right). \end{aligned} \quad (3.5)$$

D'après l'équation 3.4 $f_\emptyset(A,B)$ est symétrique : $f_\emptyset(A,B) = f_\emptyset(B,A)$, d'où le facteur $\frac{1}{2}$ dans l'équation 3.5.

Proposition 3.5 :
$\overline{f_\emptyset}$ étant défini par l'équation 3.5, on a :

$$m(\emptyset) = \sum_{A \subsetneq \Omega} \overline{f_\emptyset}(A). \quad (3.6)$$

Preuve. Soient $\mathcal{C}_1$ et $\mathcal{C}_2$ deux sous-ensembles chacun consonants,

$$\begin{aligned} m(\emptyset) &= \sum_{A,B\in 2^\Omega \times 2^\Omega | A\cap B=\emptyset} m_{\mathcal{C}_1}(A) \times m_{\mathcal{C}_2}(B), \\ &= [\sum_{A \subsetneq \Omega} \sum_{\substack{B \subsetneq \Omega | \\ A\cap B=\emptyset}} m_{\mathcal{C}_1}(A) \times m_{\mathcal{C}_2}(B) + m_{\mathcal{C}_1}(B) \times m_{\mathcal{C}_2}(A)]. \end{aligned}$$

Or, les $\mathcal{C}_j, j \in \{1,2\}$, forment une partition de $\mathcal{C}$, et les seuls éléments focaux de $m_{\mathcal{C}_j}$ sont les éléments de $\mathcal{C}_j \cup \{\Omega\}$. Ainsi, $\forall H \subsetneq \Omega$ si $m_{\mathcal{C}_j}(H) \neq 0$, alors $\forall i \in \{0, 1, ..., M\} \setminus \{j\}$, $m_{\mathcal{C}_i}(H) = 0$.

Donc si $m_{\mathcal{C}_1}(A) \neq 0$ alors $m_{\mathcal{C}_2}(A) = 0$ (raisonnement analogue pour B), donc la somme $m_{\mathcal{C}_1}(A) \times m_{\mathcal{C}_2}(B) + m_{\mathcal{C}_1}(B) \times m_{\mathcal{C}_2}(A)$ est en fait réduite à un seul terme ($A = \Omega$ n'intervient pas dans cette somme puisque $A \cap B = \emptyset$).

Supposons sans perte de généralité que $A \in \mathcal{C}_1$, l'équation 3.4 donne $m_{\mathcal{C}_1}(A) \times m_{\mathcal{C}_2}(B) = f_\emptyset(A, B) = f_\emptyset(B, A)$.

Donc :

$$m(\emptyset) = \frac{1}{2} \sum_{A \subsetneq \Omega} \sum_{B \subsetneq \Omega} f_\emptyset(A, B),$$

$$= \sum_{A \subsetneq \Omega} \overline{f_\emptyset}(A) \qquad \text{d'après l'équation 3.5}$$

$\square$

La somme des conflits introduits par chaque élément de 2^Ω est égale au conflit Dempsterien ($m(\emptyset)$). La fonction $\overline{f_\emptyset}$ définit une distribution de la masse de l'ensemble vide sur 2^Ω. Cette distribution met en évidence les éléments introduisant ce conflit, ainsi l'information sur l'origine du conflit est préservée en vue d'une éventuelle exploitation ou interprétation de celui-ci.

D'un point de vue analytique, la mesure $\overline{f_\emptyset}(H)$ est interprétable intuitivement comme "une névrose introduite par l'élément H" (à supposer que la BBA reflète les croyances d'une personne).

On remarque dès à présent deux applications de la mesure $f_\emptyset$, une décomposition unique du conflit Dempsterien (ici la BBA est décomposable en deux sous-ensembles consonants), ou une décomposition du conflit interne d'une BBA par exemple (dans le but d'analyser l'allocation).

Illustration 3.1 : Illustration de la mesure locale de conflit, cas $M = 2$:
Nous proposons d'illustrer la mesure locale de conflit en reprenant l'exemple des opinions politiques. On représente par une BBA m les croyances du groupe de personnes auxquelles nous avons posé la question "En quel groupe politique avez-vous le plus confiance ?" Les réponses possibles sont dans 2^Ω avec $\Omega = \{Gauche, Droite, Centre\}$.

	$\emptyset$	$Gauche$	$Droite$	$Gauche \cup Droite$	$Centre$	$Gauche \cup Centre$	$Droite \cup Centre$	Ω
m	0,55	0,1	0,09	0,06	0,1	0	0,06	0,04
w	1	0,5	1	0,4	0,5	1	0,4	1
$m_{\mathcal{C}_1}$	0	0,5	0	0,3	0	0	0	0,2
$m_{\mathcal{C}_2}$	0	0	0	0	0,5	0	0,2	0,2
$\overline{f_\emptyset}$	0	0,2	0	0,075	0,2	0	0,075	0
$BetP$		0,318	0,362		0,318			

3.3. ÉTUDE DES CONFLITS INTERNES À UNE BBA

w représente la fonction de poids de la décomposition canonique de m. $m_{\mathcal{C}_1}$ et $m_{\mathcal{C}_2}$ représentent respectivement la combinaison conjonctive des GSSF des sous-groupes $\mathcal{C}_1 = \{\{Gauche\}, \{Gauche \cup Droite\}\}$ et $\mathcal{C}_2 = \{\{Centre\}, \{Droite \cup Centre\}\}$. Enfin $\overline{f_\emptyset}$ représente la fonction de conflit local aux éléments de 2^Ω. On observe que les propositions "Gauche" et "Centre" sont sources de conflit ce qui n'est pas le cas de l'hypothèse "Droite", les valeurs des masses étant pourtant proches les unes aux autres de même que les $BetP$ (calculés en vue d'une décision).

Le développement précédent présente une décomposition du conflit interne à une BBA. Cette décomposition permet de déterminer une distribution du conflit sur l'espace 2^Ω en vue de l'exploitation de celui-ci. Dans un premier temps nous nous sommes intéressés au cas où la BBA initiale, non-dogmatique, est décomposable en une combinaison conjonctive de deux BBA consonantes. Ce premier développement est très restrictif et peut donner dans certains cas des résultats triviaux, néanmoins il a permis de poser les bases du raisonnement nécessaires à la généralisation de la mesure aux BBA non-dogmatiques décomposables en M ($M > 2$) fonctions consonantes.

3.3.2 BBA décomposable en M sous-groupes consonants

Dans cette section, nous étendons les propositions et résultats de la section 3.3.1 au cas d'une BBA m (non-dogmatique) décomposable en une conjonction de $M > 2$ fonctions consonantes $m_{\mathcal{C}_i}$, $i \in \{1, ..., M\}$ (avec $\mathcal{C}_i \cap \mathcal{C}_j = \emptyset$ pour $i \neq j$) :

$$m = \bigcirc_{i=1}^M m_{\mathcal{C}_i}. \tag{3.7}$$

Le conflit interne à m n'est pas ici introduit par une paire d'éléments mais par des ensembles d'éléments notés $\Gamma_{\emptyset_l}$, $l \in \{1, ..., L\}$ de $\{\Gamma_{\emptyset_l}\}$ éléments chacun. Définissons formellement ces sous-ensembles $\Gamma_{\emptyset_l}$.

Définition 3.5 : Sous-ensemble $\Gamma_{\emptyset_l}$:
Soit m une BBA non-dogmatique et l'ensemble $\mathcal{C}$ lui étant associé. Nous définissons $\Gamma_{\emptyset_l} = \{A_1, ...A_{|\Gamma_{\emptyset_l}|}\}$, avec $l \in \{1, ..., L\}$, un sous-ensemble de $\mathcal{C}$ tel que $\cap_{i=1}^{|\Gamma_{\emptyset_l}|} A_i = \emptyset$ et $\not\exists (A_i, A_j) \in \Gamma_{\emptyset_l}^2, i \neq j \mid A_i \subseteq A_j$. Nous notons S_Γ l'ensemble de tout les sous-ensembles $\Gamma_{\emptyset_l}$. C'est un ensemble fini de cardinal L.

Chaque $\Gamma_{\emptyset_l}$ est un ensemble d'hypothèses incompatibles (i.e. d'intersections vides) de telle sorte que leur incompatibilité ne peut être réduite à un sous-ensemble de $\Gamma_{\emptyset_l}$. Par exemple $\{A \cup B, B \cup C, C \cup A\}$ est un éléments de S_Γ, alors que $\{A, A \cup B, B \cup C, C \cup A\}$ ne l'est pas.

Notons que, par la définition 3.5, deux éléments de $\Gamma_{\emptyset_l}$ ne peuvent appartenir au même sous-ensemble consonant $\mathcal{C}_k : \forall (A_i, A_j) \in \Gamma_{\emptyset_l}^2, (A_i \in \mathcal{C}_k, A_j \in \mathcal{C}_{k'}, i \neq j) \Rightarrow k \neq k'$. D'où $|\Gamma_{\emptyset_l}| \leq M$, avec M le nombre de sous-ensembles consonants $\mathcal{C}_j$. Par la suite, sans perte de généralité, nous supposons que $\Gamma_{\emptyset_l} = \{H_1, ..., H_{|\Gamma_{\emptyset_l}|}\}$ avec $H_i \in \mathcal{C}_i$.

62   CHAPITRE 3. DÉCOMPOSITION DU CONFLIT

Remarque 3.1 :
Dans le cas de l'existence de $\mathcal{C}_0$, l'élément $\emptyset$ est d'intersection vide avec l'ensemble des éléments de 2^Ω, mais $\emptyset \subseteq A, \forall A \in 2^\Omega$, donc par définition $\emptyset \notin \Gamma_{\emptyset_l}, \forall l \in \{1, ..., L\}$.

À présent nous allons généraliser le raisonnement développé pour l'équation (3.4) où $|\Gamma_{\emptyset_l}| = 2$ au cas où $|\Gamma_{\emptyset_l}| \in [2, M]$.

Proposition 3.6 :
Soit m une BBA non-dogmatique, les sous-ensembles $\{\mathcal{C}_j\}$ selon la définition 3.1, et $\Gamma_{\emptyset_l} = \{H_1, ... H_{|\Gamma_{\emptyset_l}|}\}$ un élément de S_Γ selon la définition 3.5 avec $H_i \in \mathcal{C}_i$. Nous avons :

$$\prod_{i=1}^{|\Gamma_{\emptyset_l}|} m_{\mathcal{C}_i}(H_i) = \prod_{i=1}^{|\Gamma_{\emptyset_l}|}(1 - w(H_i)) \prod_{\substack{A_k \in \cup_{j=1}^{|\Gamma_{\emptyset_l}|} \mathcal{C}_j \\ \exists H_i \in \Gamma_{\emptyset_l} | A_k \subsetneq H_i}} w(A_k). \qquad (3.8)$$

La preuve est donné en annexe C.

Définition 3.6 : Fonction $f_\emptyset$:
Soit $S_\Gamma = \{\Gamma_{\emptyset_l}, l \in \{1, ...L\}\}$ comme dans la définition 3.5. Nous définissons la fonction $f_\emptyset$ associée à S_Γ dans $\mathcal{R}$:

$$\forall \Gamma_{\emptyset_l} \in S_\Gamma, f_\emptyset(\Gamma_{\emptyset_l}) = \prod_{i=1}^{|\Gamma_{\emptyset_l}|}(1 - w(H_i)) \prod_{\substack{A_k \in \mathcal{C} | \\ \forall H_i \in \Gamma_{\emptyset_l}, H_i \cap A_k \neq H_i}} w(A_k). \qquad (3.9)$$

Dans l'équation 3.9, la première partie de $f_\emptyset(\Gamma_{\emptyset_l})$, i.e. $\prod_{i=1}^{|\Gamma_{\emptyset_l}|}(1 - w(H_i))$, représente le conflit direct induit par les éléments de $\Gamma_{\emptyset_l}$. Comme déjà mentionné, le terme de "conflit direct" provient de [61] pour qualifier le conflit entre deux SSF. La seconde partie de $f_\emptyset(\Gamma_{\emptyset_l})$, i.e. $\prod_{\substack{A_k \in \mathcal{C}| \\ \forall H_i \in \Gamma_{\emptyset_l}, H_i \cap A_k \neq H_i}} w(A_k)$, représente l'affaiblissement du conflit direct.

Proposition 3.7 :
La fonction $f_\emptyset$ introduite dans la définition 3.6 peut être exprimée comme suit :

$$\forall \Gamma_{\emptyset_l} \in S_\Gamma, f_\emptyset(\Gamma_{\emptyset_l}) = m_{\mathcal{C}_1}(H_1) \times ... \times m_{\mathcal{C}_{|\Gamma_{\emptyset_l}|}}(H_{|\Gamma_{\emptyset_l}|}) \times \qquad (3.10)$$

$$\sum_{\substack{H \in \mathcal{C}_{(|\Gamma_{\emptyset_l}|+1)} \cup \Omega| \\ \exists H_i \in \Gamma_{\emptyset_l}, H_i \subsetneq H}} m_{\mathcal{C}_{|\Gamma_{\emptyset_l}|+1}}(H) \times ... \times \sum_{\substack{H \in \mathcal{C}_M \cup \Omega| \\ \exists H_i \in \Gamma_{\emptyset_l}, H_i \subsetneq H}} m_{\mathcal{C}_M}(H),$$

où M est le nombre de sous-ensembles consonants de $\mathcal{C}_j$.
La preuve est donnée en annexe C.

3.3. ÉTUDE DES CONFLITS INTERNES À UNE BBA

Définition 3.7 :
En utilisant les même notations nous définissons la fonction $\overline{f_\emptyset}$ sur 2^Ω par :

$$\forall A \subsetneq \Omega, \overline{f_\emptyset}(A) = \sum_{\Gamma_{\emptyset_l} | A \in \Gamma_{\emptyset_l}} \frac{1}{|\Gamma_{\emptyset_l}|} f_\emptyset(\Gamma_{\emptyset_l}). \tag{3.11}$$

Décomposition de $m(\emptyset)$

Dans cette section, nous illustrons l'intérêt des définitions précédentes de $f_\emptyset$ et $\overline{f_\emptyset}$, en montrant que $m(\emptyset) = \sum_{A \in 2^\Omega} \overline{f_\emptyset}(A)$. Pour cela, considérons dans un premier temps une décomposition de $m(\emptyset)$ sur $f_\emptyset(\Gamma_{\emptyset_l})$ pour $l = 1, ..., L$.

Proposition 3.8 :
Soit m une BBA non-dogmatique, $S_\Gamma = \{\Gamma_{\emptyset_l}, l \in \{1, ...L\}\}$ selon la définition 3.5 et $f_\emptyset$ selon la définition 3.6. La masse de l'ensemble vide peut être exprimée comme suit :

$$m(\emptyset) = \sum_{l=1}^{L} f_\emptyset(\Gamma_{\emptyset_l}). \tag{3.12}$$

Preuve. m est la conjonction d'un ensemble de GSSF issues de la décomposition canonique, les ensembles $\mathcal{C}_j$ forment une partition de $\mathcal{C}$. En raison de l'associativité de la règle conjonctive, m peut être écrite comme la combinaison des $m_{\mathcal{C}_j}$, en particulier $m(\emptyset)$ peut être écrit sous la forme suivante :

$$m(\emptyset) = \sum_{\substack{H_i \subseteq \Omega, i \in \{1,...,M\} | \\ H_1 \cap H_2 \cap ... \cap H_M = \emptyset}} m_{\mathcal{C}_{i_1}}(H_1) \times m_{\mathcal{C}_{i_2}}(H_2) \times ... \times m_{\mathcal{C}_{i_M}}(H_M).$$

Cette équation implique M sous-ensembles $\mathcal{C}_i$ dont chacun est associé à la fonction $m_{\mathcal{C}_i}$. Pour chaque $m_{\mathcal{C}_i}$, les éléments focaux sont dans $\mathcal{C}_i \cup \{\Omega\}$ (soit $|\mathcal{C}_i| + 1$ éléments focaux). Comme les $\mathcal{C}_i$ forment une partition de $\mathcal{C}$, nous avons :

$$\forall j \in \{0, 1, ..., M\}, \forall H \subsetneq \Omega, m_{\mathcal{C}_j}(H) \neq 0 \Rightarrow \forall i \in \{0, 1, ..., M\} \setminus \{j\}, m_{\mathcal{C}_i}(H) = 0.$$

Sans perte de généralité, nous supposons que $\forall i, H_i \in \mathcal{C}_i$. Par conséquent :

$$m(\emptyset) = \sum_{H_1 \in \mathcal{C}_1 \cup \{\Omega\}} ... \sum_{\substack{H_M \in \mathcal{C}_M \cup \{\Omega\} | \\ \cap_{i=1}^{M} H_i = \emptyset}} \prod_{i=1}^{M} m_{\mathcal{C}_i}(H_i).$$

Pour tout ensemble d'hypothèses, $\{H_i \in \mathcal{C}_i, i \in \{1, ..., M\} \mid \cap_{i=1}^{M} H_i = \emptyset\}$ impliqué dans la somme, deux possibilités sont envisageables :
- cet ensemble ne contient pas de sous-ensemble consonant, et donc c'est un élément $\Gamma_{\emptyset_l}$ de S_Γ, avec $|\Gamma_{\emptyset_l}| = M$;
- cet ensemble contient au moins un sous-ensemble consonant. Alors il existe un sous-ensemble qui est un $\Gamma_{\emptyset_l}$ de S_Γ, avec $|\Gamma_{\emptyset_l}| < M$ (ce sous-ensemble peut être obtenu en supprimant les hypothèses H_i de plus grand cardinal entre les éléments consonants).

64 CHAPITRE 3. DÉCOMPOSITION DU CONFLIT

Supposons, sans perte de généralité, que les $|\Gamma_{\emptyset_l}|$ premières hypothèses H_i ne sont pas consonantes. Alors nous pouvons choisir $M - |\Gamma_{\emptyset_l}|$ hypothèses H_j dans $C_j \cup \{\Omega\}$, pour $j > |\Gamma_{\emptyset_l}|$, qui ne sont pas dans $\Gamma_{\emptyset_l}$ (car $\Gamma_{\emptyset_l}$ ne peut contenir deux hypothèses d'un même C_j, c.f. le commentaire après la définition 3.5).

En spécifiant que les $M - |\Gamma_{\emptyset_l}|$ hypothèses H complètent $\Gamma_{\emptyset_l}$ en satisfaisant la condition $\exists H_i \in \Gamma_{\emptyset_l} \mid H_i \subsetneq H$, on assure que chaque ensemble conflictuel à M hypothèses soit associé à un seul $\Gamma_{\emptyset_l}$ et donc compté une seule fois dans l'équation 3.12.

Par exemple, soit $M = 4$ et $\{H_i \in C_i, i \in \{1, ..., M\}\} = \{A, B, D, A \cup D\}$. Sans condition supplémentaire, les sous-ensembles conflictuels $\Gamma_{\emptyset_l}$ possibles sont dans : $\{\{A, B\}, \{A, D\}, \{B, D\}, \{B, A \cup D\}, \{A, B, D\}\}$. En spécifiant que le $\Gamma_{\emptyset_l}$ associé est complété par seulement par les hypothèses H telles que $\exists H_i \in \Gamma_{\emptyset_l} \mid H_i \subsetneq H$, il y a seulement un sous-ensemble conflictuel $\Gamma_{\emptyset_l}$ associé, à savoir $\{A, B, D\}$.

Finalement, nous avons :

$$m(\emptyset) = \sum_{l=1}^{L} (\prod_{i=1}^{|\Gamma_{\emptyset_l}|} m_{C_i}(H_i) \times \prod_{\substack{j=|\Gamma_{\emptyset_l}|+1}}^{M} [\sum_{\substack{H \in C_j \cup \{\Omega\} \\ \exists H_i \in \Gamma_{\emptyset_l}, |H_i \subsetneq H}} m_{C_j}(H)]). \qquad (3.13)$$

À partir cette expression et de l'équation 3.10, on obtient l'équation 3.12. □

Cette expression montre que la masse de l'ensemble vide est une somme de L "conflits partiels", introduits par L ensembles d'hypothèses d'éléments notés $\Gamma_{\emptyset_l}, l \in \{1, ..., L\}$, et dont la valeur du conflit direct est affaiblie.

Proposition 3.9 :
En utilisant les mêmes notations, nous avons :

$$m(\emptyset) = \sum_{A \in 2^\Omega} \overline{f_\emptyset}(A). \qquad (3.14)$$

Démonstration. Nous avons :

$$\sum_{A \in 2^\Omega} \overline{f_\emptyset}(A) = \sum_{A \in 2^\Omega} \left[\sum_{\Gamma_{\emptyset_l} | A \in \Gamma_{\emptyset_l}} \frac{1}{|\Gamma_{\emptyset_l}|} f_\emptyset(\Gamma_{\emptyset_l}) \right],$$

$$= \sum_{l=1}^{L} \sum_{\substack{A \in 2^\Omega \\ A \in \Gamma_{\emptyset_l}}} \frac{1}{|\Gamma_{\emptyset_l}|} f_\emptyset(\Gamma_{\emptyset_l}),$$

$$= \sum_{l=1}^{L} \frac{1}{|\Gamma_{\emptyset_l}|} \sum_{\substack{A \in 2^\Omega \\ A \in \Gamma_{\emptyset_l}}} f_\emptyset(\Gamma_{\emptyset_l}).$$

Pour un sous-ensemble conflictuel $\Gamma_{\emptyset_l}$, la somme $\sum_{\substack{A \in 2^\Omega \\ A \in \Gamma_{\emptyset_l}}} f_\emptyset(\Gamma_{\emptyset_l})$ inclut $|\Gamma_{\emptyset_l}|$ termes identiques $(f_\emptyset(\Gamma_{\emptyset_l}))$ ($\Gamma_{\emptyset_l}$ est un ensemble non ordonné). Alors $\sum_{\substack{A \in 2^\Omega \\ A \in \Gamma_{\emptyset_l}}} f_\emptyset(\Gamma_{\emptyset_l}) = |\Gamma_{\emptyset_l}| f_\emptyset(\Gamma_{\emptyset_l})$,

3.3. ÉTUDE DES CONFLITS INTERNES À UNE BBA

d'où :

$$\sum_{A \in 2^\Omega} \overline{f_\emptyset}(A) = \sum_{l=1}^{L} f_\emptyset(\Gamma_{\emptyset_l}) = m(\emptyset).$$

□

Cette dernière expression donne une interprétation de $\overline{f_\emptyset}$ en tant que décomposition de la masse de l'ensemble vide. Nous soulignons que $f_\emptyset(\Gamma_{\emptyset_l})$ ne dépend pas du choix de la partition $\{C_j\}$ de C, de plus la décomposition proposée est unique, comme cela peut être exprimé par la proposition suivante.

Proposition 3.10 :
La décomposition de $m(\emptyset)$ donnée par l'équation 3.14 est unique.

Démonstration. En accord avec l'équation 3.9, $f_\emptyset(\Gamma_{\emptyset_l})$ dépend seulement de la décomposition canonique de la BBA initiale. À partir de cette décomposition canonique, nous déterminons : (i) l'ensemble C et l'ensemble S_Γ déduit de la définition 3.5 (indépendamment de la partition) ; (ii) la fonction de poids w. Donc la fonction $f_\emptyset$ est unique pour une BBA donnée. De même pour la fonction $\overline{f_\emptyset}$ et la décomposition de $m(\emptyset)$. □

En pratique, quatre étapes sont utilisées pour calculer la décomposition du conflit d'une BBA m :

1. calcul de la décomposition canonique de m, construction de la fonction w en utilisant l'équation 2.45 ;
2. détermination des ensembles $\Gamma_{\emptyset_l}$: un algorithme simple consiste à faire varier $|\Gamma_{\emptyset_l}|$ entre 2 et $|C|$, sélectionner $|\Gamma_{\emptyset_l}|$ hypothèses dans C, et vérifier que les hypothèses sélectionnées satisfont les deux conditions de la définition 3.5 (i.e. leur intersection donne $\emptyset$, et il n'existe pas de relation d'inclusion entre deux hypothèses) ;
3. Pour chaque $\Gamma_{\emptyset_l}$, calcul de la valeur de $f_\emptyset$ en utilisant l'équation 3.9 et la fonction de décomposition w ;
4. Pour chaque hypothèse de 2^Ω, calcul de la valeur de $\overline{f_\emptyset}$ en utilisant l'équation 3.11 et la fonction $f_\emptyset$.

Ces étapes sont détaillées dans l'algorithme 1. On note que l'algorithme de la détermination des ensembles $\Gamma_{\emptyset_l}$ pourrait être optimisé, par un exemple en utilisant une représentation sous forme d'arbre des $\Gamma_{\emptyset_l}$, de façon à ne pas continuer la recherche (par ajout d'hypothèses) dès qu'un sous-ensemble d'hypothèses n'est pas un $\Gamma_{\emptyset_l}$.

Remarque 3.2 :
Pour m une SBBA, $\forall A \in 2^\Omega, \overline{f_\emptyset}(A) \in [0, 1]$.

Data : la BBA à analyser
Result : la fonction $\overline{f_\emptyset}$
initialisation $\mathcal{C} = \emptyset$; $\mathcal{S}_\Gamma = \emptyset$;
avec $w(\Omega) = 1$;
forall the *hypotheses* $A \subset \Omega$ do
  calcul $w(A)$ en utilisant l'équation 2.43;
  if $w(A) \neq 1$ then
  | $\mathcal{C} \leftarrow \mathcal{C} \cup \{A\}$;
  end
end
forall the *les sous-ensembles* $\Gamma_k \subset \mathcal{C}$ do
  if $\bigcap_{A_i \in \Gamma_k} A_i = \emptyset$, et $\nexists (A_i, A_j) \in \Gamma_k^2 \mid A_i \subseteq A_j$, then
  | $\mathcal{S}_\Gamma \leftarrow \mathcal{S}_\Gamma \cup \{\Gamma_k\}$;
  end
end
forall the $\Gamma_{\emptyset_l} \in \mathcal{S}_\Gamma$ do
  calcul de $f_\emptyset(\Gamma_{\emptyset_l})$ en utilisant l'équation 3.9;
end
forall the $A \in 2^\Omega$ do
  calcul de $\overline{f_\emptyset}(A)$ en utilisant l'équation 3.11;
end

Algorithme 1: Décomposition du conflit

Démonstration. Si une BBA est séparable, $\forall A \in 2^\Omega, w(A) \in (0,1]$. En considérant l'équation 3.9, $\forall \Gamma_{\emptyset_l} \in \mathcal{S}_\Gamma, f_\emptyset(\Gamma_{\emptyset_l}) \in [0,1]$, et étant donné l'équation 3.11, $\forall A \in 2^\Omega, \overline{f_\emptyset}(A) \geq 0$. Donc, à partir de l'équation 3.14, $m(\emptyset)$ est une somme de termes positifs. Ils auront comme borne supérieur 1, ainsi $\forall A \in 2^\Omega, \overline{f_\emptyset}(A) \in [0,1]$. □

Remarque 3.3 :
Pour m une BBA consonante, $\forall A \in 2^\Omega, \overline{f_\emptyset}(A) = 0$.

Démonstration. Si une BBA est consonante, $\mathcal{C}$ est aussi consonant ($\mathcal{C}$ est un sous-ensemble de l'ensemble des éléments focaux). Alors, il n'y a aucun sous-ensemble conflictuel et $\mathcal{S}_\Gamma = \emptyset$. Ainsi, $\forall A \in 2^\Omega, \overline{f_\emptyset}(A) = 0$. □

Illustration 3.2 : **Mise en situation de la décomposition du conflit** :
Revenons sur notre exemple politique. On représente par une BBA m les croyances d'un groupe de quatre personnes auxquelles nous avons posé la question "En quel groupe politique avez-vous le plus confiance ?". Les réponses possibles sont $\Omega = \{Gauche, Droite, Centre\}$.
La fonction de poids de la décomposition canonique de m est notée w.
La valeur du conflit $m(\emptyset)$ nous informe d'un potentiel désaccord intra-groupe.

3.3. ÉTUDE DES CONFLITS INTERNES À UNE BBA

	$\emptyset$	$G.$	$C.$	$G. \cup C.$	$D.$	$G. \cup D.$	$C. \cup D.$	Ω
m	0,76	0,016	0,0764	0,0184	0,1008	0	0,0196	0,0056
w	1	0,7	0,9	0,2	0,2	1	0,22	1
$\overline{f_\emptyset}$	0	0,186	0,038	0,165	0,344	0	0,028	0
$BetP$		0,114	0,41		0,475			

La fonction 3.11 ($\overline{f_\emptyset}$) donne une distribution du conflit localement aux éléments de 2^Ω. On constate que l'hypothèse "$Droite$" maximise la fonction $\overline{f_\emptyset}$ avec une valeur de $0,344$. En supposant une décision pignistique ($BetP$), l'hypothèse "$Droite$" est aussi celle qui maximise cette fonction avec une valeur de $0,475$. Choisir l'hypothèse "$Droite$" peut être une solution vis-à-vis de m mais impliquera un fort conflit dans le groupe ("$Droite$" introduit près de la moitié du conflit global). L'hypothèse "$Centre$" à une valeur pignistique de $0,41$ et un conflit local associé de $0,038$ ce qui constitue un meilleur compromis (à supposer que l'on décide en fonction du critère pignistique).

Remarque 3.4 : Existence de $\mathcal{C}_0$:
L'existence de $\mathcal{C}_0$ ne change pas le raisonnement et les démonstrations précédentes. Les éléments focaux de la GSSF représentative du sous ensemble $\mathcal{C}_0$ sont $\emptyset$ et Ω. Dans le cas de l'existence de $\mathcal{C}_0$ (i.e. $w(\emptyset) \neq 1$) alors il existe un $\Gamma_{\emptyset_0}$ composé seulement de $\emptyset$. Ainsi, pour $\Gamma_{\emptyset_0}$ l'équation 3.9 s'écrit :

$$f_\emptyset(\Gamma_{\emptyset_0}) = f_\emptyset(\{\emptyset\}) = (1 - w(\emptyset)) \prod_{\substack{A_k | A_k \in \mathcal{C} \\ \emptyset \cap A_k \neq \emptyset}} w(A_k),$$
$$= 1 - w(\emptyset).$$

Le sens donné au conflit introduit par l'élément $\emptyset$ (i.e $\overline{f_\emptyset}(\emptyset)$) est assez complexe. Dans le cas de l'étude des conflits internes à une GBBA, nous proposons que $\overline{f_\emptyset}(\emptyset)$ exprime le degré de consentement d'un état conflictuel intra-BBA. Par exemple dans le cadre des croyances d'une personne, il peut définir l'acceptation partielle ou totale d'un état de conflit psychique.

3.3.3 Validation numérique et simulations

Dans cette section nous illustrons la décomposition du conflit proposé, au travers de simulations numériques.

Dans un premier temps, nous effectuons des tests numériques pour valider la décomposition. Pour cela nous simulons un ensemble de BBA non-dogmatiques aléatoirement comme suit :
Pour $|\Omega| = 4$, pour chaque BBA un nombre d'éléments focaux est tiré uniformément dans l'intervalle $[2, 15]$, de même que l'indice associé à chaque élément focal est tiré uniformément dans l'intervalle $[1, 2^\Omega - 1]$. Ω est toujours élément focal de sorte que la BBA soit

non-dogmatique. À chaque élément focal, une valeur de masse non normalisée est associée par un tirage suivant une distribution de loi Gamma, l'ensemble des masses de la BBA est ensuite normalisé de sorte que la somme soit égale à 1.
Soit $\delta = m(\emptyset) - \sum_{A \in 2^\Omega} \overline{f_\emptyset}(A)$, où $\overline{f_\emptyset}$ est la fonction de décomposition du conflit.
Les statistiques suivantes de la valeur de δ ont été obtenues à partir de 11300 échantillons de BBA :
- valeur moyenne $= 6.8182 \times 10^{-11}$,
- norme $L_1 = 1.4002 \times 10^{-10}$ (moyenne sur les valeurs de $|\delta|$)
- norme $L_\infty = 1.1325 \times 10^{-6}$ (maximum des valeurs de $|\delta|$).

Ces statistiques montrent que les erreurs numériques associées aux calculs de la décomposition du conflit global $m(\emptyset)$ sont très faibles.

À présent nous nous intéressons à la distribution de $\overline{f_\emptyset}(A)$ en fonction de $|A|$, en faisant varier $|\Omega|$.
Seules des BBA séparables sont considérées de sorte que $\forall A \in 2^\Omega \setminus \{\emptyset\}, \overline{f_\emptyset}(A) > 0$ et que les moyennes des valeurs de $\overline{f_\emptyset}(A)$ peuvent être facilement comparables. La simulation suivante est effectuée :
N SSF sont générées aléatoirement (tirage uniforme de la valeur de l'indice de l'hypothèse A dans $[1, 2^\Omega - 1]$, tirage uniforme de la valeur de masse associée $m(A)$ dans $[0, 1]$, pour chacune la masse de l'élément Ω est déduite $m(\Omega) = 1 - m(A)$) puis les N SSF sont combinées afin de former une SBBA.
La figure 3.1 montre la moyenne des valeurs (avec l'écart-type représenté comme une barre d'erreur) de $\overline{f_\emptyset}(A)$ en fonction de $|A|$ (la moyenne est effectuée sur l'ensemble des BBA et sur l'ensemble des hypothèses de même cardinal), pour différentes valeurs de $|\Omega|$.
Nous observons clairement que les valeurs de conflit local les plus importantes, valeurs maximisant la fonction $\overline{f_\emptyset}$, sont atteintes pour les éléments de faible cardinal, en particulier les éléments singletons.
Nous remarquons aussi que lorsque $|\Omega|$ augmente, $m(\emptyset)$ est distribué sur plus d'hypothèses conduisant à des valeurs globalement plus faibles de $\overline{f_\emptyset}(A)$, (la valeur du conflit $m(\emptyset)$ étant elle plus importante).

Nous illustrons à présent une interprétation de $\overline{f_\emptyset}(A)$ comme une part du "conflit Dempstérien" ($m_\cap(\emptyset)$) induit par une hypothèse A. Nous supposons c classes et deux sources d'observation, corrompues par un bruit blanc gaussien $\mathcal{N}(0, \sigma)$.
Connaissant les paramètres de la distribution conditionnellement aux classes (i.e. la valeur déterministe des classes et les paramètres du bruit σ), la simulation est effectuée comme suit :
Pour chaque test (dans les résultats présentés, le nombre de test est de 5000) :
  (i) une classe i est tirée uniformément dans $[1, c]$;
  (ii) deux observations sont tirées, chacune associée à la source et conditionnée à la distribution de la classe i ;
  (iii) supposant que la distribution des classes est gaussienne $\{\mathcal{N}(\mu_j, \sigma_j), j \in \{1, ..., c\}\}$, les deux BBA sont construites en suivant l'allocation de Dubois et Prade [25] ;
  (iv) les BBA sont combinées en utilisant la règle conjonctive (les sources étant cogni-

3.4. CONCLUSION

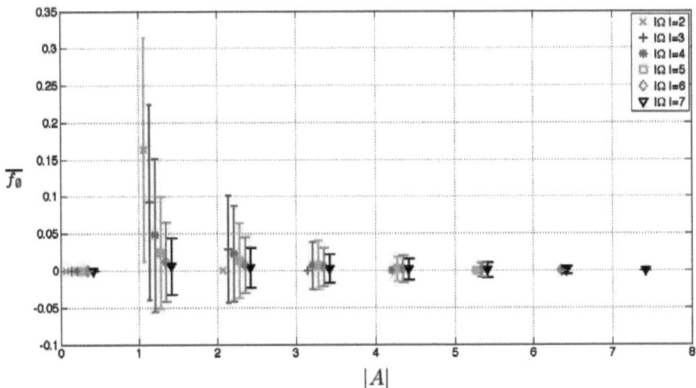

FIGURE 3.1 – Valeur moyenne de $\overline{f_\emptyset}(A)$ en fonction de $|A|$: la moyenne est calculée sur 5000 BBA (chacune tirée aléatoirement) et sur l'ensemble des éléments de même cardinal. Les différents symboles correspondent à différentes valeurs de $|\Omega|$.

tivement indépendantes) ;
(v) la décomposition du conflit est appliquée à la BBA résultante.

Nous introduisons une erreur (ou une imprécision) dans le modèle de fusion. Dans la figure 3.2, $\Omega = \{A, B, C, D\}$, l'erreur du modèle est relative à la valeur supposée de l'écart type de la classe B ($\sigma_i = \widetilde{\sigma}$).

La figure 3.2 montre que la valeur de $\overline{f_\emptyset}(B)$ est plus importante que pour une autre hypothèse, même si elle est élevée sur les autres éléments singletons. En effet, ceux-ci peuvent être en conflit avec B, de plus nous avons observé précédemment (figure 3.1) que la valeur du conflit local est plus importante sur les éléments singletons.

Ces exemples jouets illustrent que la décomposition proposée permet d'identifier la ou les sources potentielles de conflit entre les hypothèses.

3.4 Conclusion

Dans ce chapitre nous avons introduit une mesure de conflit local permettant de calculer avec précision les désaccords entre sources. Pour cela nous nous exprimons le conflit Dempsterien $m(\emptyset)$ en le décomposant sur l'espace de discernement 2^Ω. Cela permet d'identifier les hypothèses pouvant être la cause de ce conflit et donc à terme de choisir les sources les plus appropriées pour les étapes de combinaison et de décision.

Les résultats théoriques et expérimentaux montrent que les mesures globales telles que le conflit Dempsterien ne permettent pas toujours une analyse fine de l'origine du conflit, ce qui devient possible par notre mesure.

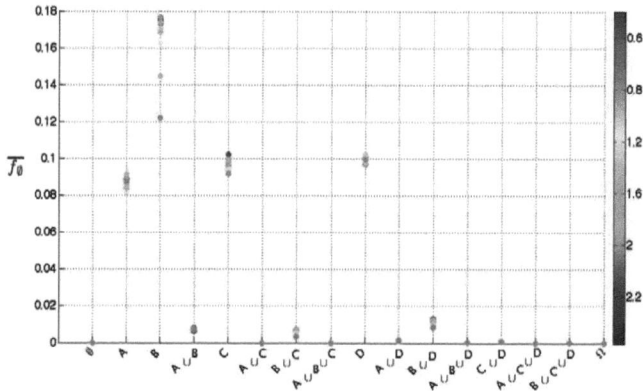

FIGURE 3.2 – $\overline{f_\emptyset}(H)$ en fonction des éléments $H \in \{\emptyset, A, B, A \cup B, C, A \cup C, B \cup C, A \cup B \cup C, D, A \cup D, B \cup D, A \cup B \cup D, C \cup D, A \cup C \cup D, B \cup C \cup D, \Omega\}$. Pour l'hypothèse B, il est supposé que la valeur de $\widetilde{\sigma}$ ($\in [0.5, 2]$) est supérieure à sa valeur correcte ($\sigma = 0, 5$, la distance entre centres de classe étant 1). La plus grande valeur de $\overline{f_\emptyset}(H)$ est obtenue pour $H = B$, i.e. l'hypothèse qui est mal modélisée et qui induit le conflit.

Chapitre 4

Applications

Table des matières

4.1	Détection préventive de chute		72
	4.1.1	Un problème d'équilibre	72
	4.1.2	Données utilisées	73
	4.1.3	Modèle de fusion	74
	4.1.4	Exploitation du conflit et résultats	75
4.2	Application au problème de la localisation d'un véhicule		77
	4.2.1	Problème de localisation	77
	4.2.2	Estimateur de mouvement	78
	4.2.3	Données utilisées	80
	4.2.4	Modèle de fusion	80
	4.2.5	Exploitation du conflit	81
	4.2.6	Résultat de l'expérience A	83
	4.2.7	Résultats de l'expérience B	83
	4.2.8	Conclusion	88
4.3	Ré-allocation canonique		88

4.1 Détection préventive de chute

L'objectif de cette première application est de voir si la masse de conflit peut permettre de diagnostiquer un problème de dysfonctionnement d'un système. Dans notre cas, le dysfonctionnement considéré est une chute du bicycle (moto). Les sources qui sont décrites plus loin sont des mesures d'un paramètre physique (e.g. moment gyroscopique) et le conflit indiquerait une décorrélation de ces mesures correspondant au début de la chute. Il s'agit donc d'utiliser le conflit pour diagnostiquer de façon précoce une chute du bicycle (et déclencher un gilet air-bag).

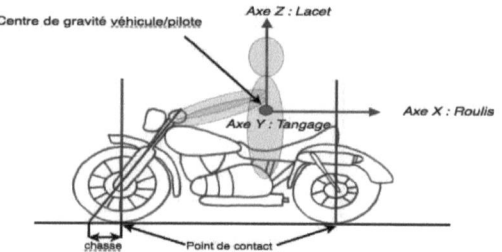

FIGURE 4.1 – Illustration d'un bicycle.

4.1.1 Un problème d'équilibre

La première étude portant sur la stabilité et l'équilibre d'un bicycle fut réalisée en 1899 par Whipple [74]. Dans les années 1970, Sharp [62] proposa un modèle dynamique de véhicule à deux roues, qui est à nos jours le modèle le plus utilisé. Celui-ci propose quatre degrés de libertés composés du mouvement latéral, lacet, roulis et directionnel. Le bicycle est représenté par un ensemble de deux solides rigides liés par le mécanisme de direction. Des modèles plus récents proposent des représentations du véhicule avec plus de degrés de liberté associés à un ensemble de corps.

Un véhicule est soumis à un ensemble de forces physiques dont la plus perceptible reste la gravité. La masse de ce véhicule associée à la pesanteur crée en chaque point de contact entre le sol et le véhicule une force orientée vers le référentiel géocentrique. La nature du contact entre le sol et le véhicule constitue un paramètre important, mais aussi des plus compliqués à modéliser (coefficient de frottement, déformation, amortissement, échauffement, etc.). Les différentes modélisations de ces contacts, proposées dans la littérature, ne sont pas robustes aux aléas des conditions d'exécution. Pour notre étude nous les considérons comme des contacts ponctuels (les roues seront modélisées par des disques indéformables).

La stabilité du bicycle repose principalement sur une notion d'équilibre pouvant être, dans le cadre de cette étude, définie comme une suite de déséquilibres compensés par la tech-

4.1. DÉTECTION PRÉVENTIVE DE CHUTE

nique. Par exemple, à une vitesse réduite, la notion de contrepoids (effectué par le pilote) est prédominante. Le bicycle s'incline d'un côté ou de l'autre, et en compensation le déplacement du corps du pilote (en opposition à l'inclinaison) permettra d'ajuster le centre de gravité de sorte à créer un équilibre. À une vitesse plus élevée interviennent d'autres forces comme les effets gyroscopiques. Ces derniers représentent l'énergie cinétique qui s'oppose au changement d'axe de rotation d'une pièce elle-même en mouvement de rotation. Plus la vitesse est importante, plus le couple augmente et plus les forces gyroscopiques ont une norme importante.

4.1.2 Données utilisées

Nous donnons en annexe D différentes mesures permettant l'interprétation de l'équilibre par une étude de compensation de force (comme le poids du pilote peut compenser le poids du bicycle à faible vitesse). Dans cette section nous rappelons succinctement les différentes mesures physiques de la dynamique du bicycle qui nous ont conduits à la définition des couples sur lesquels la mesure du conflit sera étudiée.

Moments gyroscopiques

Les effets gyroscopiques sont engendrés par deux rotations d'orientations différentes (voir annexe D.4). Nous retrouvons deux effets gyroscopiques engendrés par la double rotation 'roue et roulis' et 'roue et angle de braquage'.

1. le couple gyroscopique de braquage : de direction opposée à l'inclinaison du véhicule, il s'ajoutera au moment centrifuge,
2. le couple gyroscopique de l'inclinaison : de même direction que le sens d'inclinaison du bicycle, il s'ajoutera au moment centripète.

Les additions des moments perturbateurs (annexe D.4) et gyroscopiques soit *centrifuge + gyroscopique roulis* et *centripète + gyroscopique braquage* agissent en opposition de phase permettant en partie l'équilibre du bicycle. En l'absence de chute (à l'équilibre) ils sont donc corrélés.
Un ensemble de capteurs physiques permettent l'estimation de ces moments :
- un capteur rotationnel tri-axes, permettant d'estimer l'angle d'inclinaison du véhicule,
- un capteur odométrique, permettant d'estimer l'angle de rotation de la roue,
- un capteur de position du guidon, permettant d'estimer l'angle de braquage au sol.

Étude angulaire de lacet

Lors de l'entrée en virage, le pilote fournit un effort sur le guidon permettant d'incliner le véhicule (par effet du contre-braquage). En sortie de virage le pilote remet le guidon en position centrale permettant ainsi le redressement du bicycle.
La stabilité du véhicule du bicycle en virage est donc liée à la vitesse de rotation autour de l'axe Z et à la vitesse de lacet. L'angle de braquage au sol est estimé par l'équation D.8, dont la valeur permet d'estimer le rayon de courbure du virage ainsi que la vitesse de lacet.

Capteur/ grandeur physique mesurée	Moments gyroscopiques	Lacet	Braquage au sol	Vitesse des roues
Odométrique	×			×
Rotationnel	×	×	×	
Accéléromètre				
Position du guidon	×	×	×	

TABLE 4.1 – Capteurs physiques utilisés et mesures délivrées

La table 4.1 résume les grandeurs physiques et les sources qui les mesurent. Pour une grandeur physique donnée, un conflit entre les sources la mesurant indique un dysfonctionnement, ici un état de chute.

La rotation autour de l'axe Z est mesurée par un capteur rotationnel, et par sa dérivée est estimée la vitesse de rotation autour de cet axe. À l'équilibre, ces deux mesures sont corrélées.

Étude angulaire de braquage au sol

L'angle de braquage au sol peut être mesuré à partir de la position du guidon, et à partir du capteur rotationnel tri-axes. La corrélation temporelle de ces mesures permet d'analyser la stabilité, notamment une divergence peut indiquer une perte de contrôle.

Vitesse des roues

Une perte d'adhérence du bicycle engendre le plus souvent une désynchronisation des roues. Deux odomètres mesurent la vitesse de chacune des roues, la corrélation des vitesses est une interprétation de l'adhérence et donc de l'équilibre du bicycle.
Remarque : il se peut que les deux roues "glissent" en même temps, néanmoins dans ce cas leurs vitesses respectives sont rarement identiques.

4.1.3 Modèle de fusion

Nous considérerons que chaque couple (chaque mesure est constituée de deux études) présenté dans la section précédente est composé de deux sources cognitivement indépendantes, concernant une même grandeur physique (au signe près).
Chaque couple de sources est donc une source de diagnostic sur l'équilibre du véhicule. La perte du contrôle ou un choc direct sera détecté par un désaccord des sources intra-couple. Dans le contexte de l'étude, le moteur à explosion, la surface de revêtement de la route et le bruit aérodynamique engendrent un grand nombre d'imprécisions et d'incertitudes sur les mesures. Nous proposons donc de modéliser l'information de chaque source au travers du cadre de la théorie des fonctions de croyance, permettant de plus de modéliser le conflit intra-couple de sorte à détecter préventivement une perte d'équilibre.
Pour chaque couple sont définies deux BBA modélisant les informations de chaque source

4.1. DÉTECTION PRÉVENTIVE DE CHUTE

du couple. Dans le cadre de notre étude, nous nous concentrons sur les données de la vitesse des roues ainsi que les données gyroscopiques, les BBA associées sont notées m_{i,S_1} et $m_{i,S_2}, i = \{1,2\}$. L'espace de discernement des BBA, noté Ω_i, est construit à partir de la discrétisation de l'intervalle des mesures physiques, le pas de discrétisation étant choisi par compromis entre précision et complexité calculatoire.

Dans un premier temps, nous proposons la modélisation probabiliste suivante : à chaque instant t les sources S_1 et S_2 transmettent une observation notée $x_{i,S_1}(t)$ et $x_{i,S_2}(t)$. La probabilité pignistique $BetP_{i,S_j}(A), \forall A \in \Omega_i, j = \{1,2\}$ de chaque hypothèse de Ω_i est estimée de façon ad hoc par la probabilité conditionnée à l'observation selon une loi gaussienne centrée sur l'observation qui, en pratique, modélise correctement l'incertitude des mesures :

$$\forall A \in \Omega_i, \forall j \in \{1,2\}, BetP_{i,S_j}(A) = \int_{\lambda_i(A)} \frac{1}{\sigma\sqrt{2\pi}} \exp\left(-\frac{(x - x_{i,S_j}(t))^2}{2\sigma^2}\right) dx \quad (4.1)$$

avec $\lambda_i(A)$ l'intervalle associé à l'hypothèse A. Pour allouer la BBA dans le cadre de la théorie des fonctions de croyance, nous choisirons une allocation consonante. Il paraît en effet raisonnable, sous notre hypothèse de distribution mono-mode, d'allouer la croyance sur des intervalles emboîtés de plus en plus grands, i.e. des hypothèses consonantes. L'allocation choisie est celle proposée dans [25] (c.f. section 2.10 et annexe B).

4.1.4 Exploitation du conflit et résultats

Pour détecter un potentiel état de déséquilibre, les BBA internes à un couple sont combinées par la règle conjonctive, et le conflit résultant est analysé. Au sein d'un même couple les BBA sont consonantes, elles ne possèdent pas de conflit interne. Les valeurs relatives à la fonction de décomposition du conflit ($\overline{f_\emptyset}$) de la BBA issue de la combinaison conjonctive sont donc directement interprétables en termes de désaccord inter-BBA.

Toutefois il est nécessaire d'ordonner les hypothèses de l'espace de discernement afin de déterminer sur quelle hypothèse un conflit peut être interprété comme un état de chute. Nous choisissons un ordonnancement par les plausibilités et nous organisons les hypothèses de Ω par rang : l'hypothèse de rang 1 a la plus grande valeur de plausibilité et l'hypothèse de rang $|\Omega|$ la plus petite.

Supposons $Pl(H_{j(1)}) > Pl(H_{j(2)}) > ... > Pl(H_{j(|\Omega|)})$ ou j est la fonction donnant l'ordre des indices (H_j singletons). Au travers de ce rang nous constaterons que plus le désaccord inter-BBA est important plus les hypothèses de rangs faibles seront conflictuelles.

Nous calculons par notre décomposition de conflit (fonction $\overline{f_\emptyset}$) le degré du conflit introduit par les hypothèses de rang 1 à N. Nous observerons que plus le conflit est introduit par une hypothèse de rang faible plus l'état de chute est avancé.

Remarque :

Nous disposons d'un ensemble de données pré-enregistrées de diverses chutes effectuées par un cascadeur. Même si la définition d'une chute d'un véhicule de type bicycle est triviale, il reste que la transition entre un état de perte du contrôle et un état de chute est difficile à discerner automatiquement sur les enregistrements donnés. Ne possédant pas de réalité terrain précise sur l'état de perte du contrôle du bicycle, nous ne pouvons donner de résultat quantitatif sur le taux de déclenchement et le taux de fausses détections. Néanmoins, les résultats suivants mettent en valeur la pertinence de l'indicateur de conflit. Les figures 4.2 et 4.3 sont issues de deux expérimentations. Chacune d'entre elles est une chute effectuée par un cascadeur. La chute est ici causée par un freinage en virage. Nous voulons montrer que la situation de chute peut être mise en évidence par $m(\emptyset)$ et plus encore par notre indicateur de conflit. La masse de l'ensemble vide $m(\emptyset)$ est un bon in-

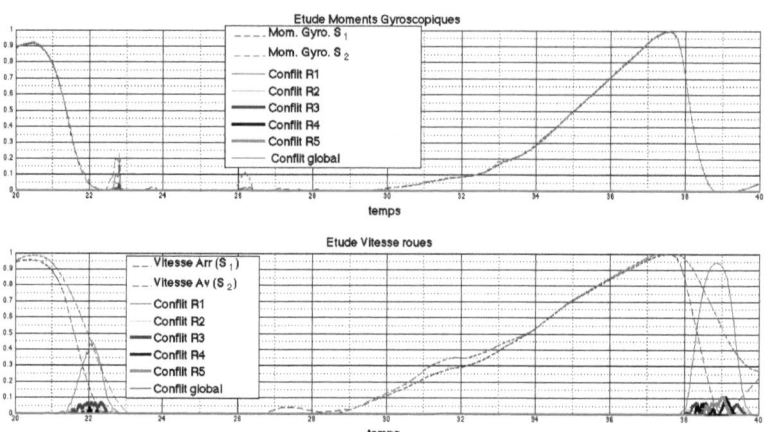

FIGURE 4.2 – Chute 1 : en pointillés les grandeurs physiques normalisées des moments gyroscopiques et de vitesses des roues avant et arrière en fonction du temps. En traits pleins le conflit induit par les hypothèses de rangs 1 à 5 et $m(\emptyset)$ en fonction du temps. On notera qu'un conflit induit par une hypothèse de rang 4 est susceptible d'impliquer une perte d'équilibre non rattrapable.

dicateur pour délimiter l'intervalle temporel depuis le début de la chute en passant par la perte d'équilibre, mais dans le cas de notre application, la détection de chute doit être préventive (transition entre la perte d'équilibre et la chute).
Sur la figure 4.2, l'intervalle délimitant la perte d'équilibre suivie de la chute intervient après 38 secondes (sur l'échelle de temps). Dans le cas des données sur la vitesse des roues, $m(\emptyset)$ détecte la chute à $[38; 39, 7]$ et $[21, 4; 23]$ (ce dernier cas est représentatif d'un début de problème voire d'une potentielle perte d'équilibre mais sans chute). Dans le cas des données gyroscopiques, on observe $m(\emptyset) > 0$ sur l'intervalle $[22, 6; 22, 9]$, la chute n'est pas détectée. Les deux types de données sont complémentaires (sur cette chute).
Sur la figure 4.3, l'intervalle de perte d'équilibre suivie de la chute intervient après 24 secondes (sur l'échelle de temps). Sur les données sur la vitesse des roues le conflit $m(\emptyset) > 0$ apparaît dans l'intervalle $[23, 3; 25, 4]$, et sur celles gyroscopiques dans l'intervalle $[23, 9; 24, 7]$.
Sur les deux chutes présentées l'utilisation de la mesure $m(\emptyset)$ comme détecteur de chute délimite un intervalle englobant plusieurs états non descriptifs d'une chute et donc pouvant engendrer des fausses détections. Même en ajustant à la main un seuil sur la valeur de $m(\emptyset)$, on ne peut délimiter de façon robuste l'intervalle temporel de détection préventive

4.2. APPLICATION AU PROBLÈME DE LA LOCALISATION D'UN VÉHICULE

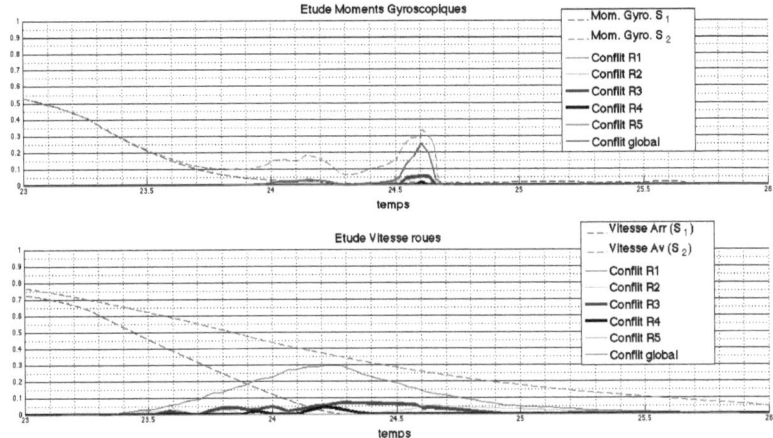

FIGURE 4.3 – Chute 2 : en pointillés les grandeurs physiques normalisées des moments gyroscopiques et de vitesses des roues avant et arrière en fonction du temps. En traits pleins le conflit induit par les hypothèses de rangs 1 à 5 (notés $R1$ à $R5$) et $m(\emptyset)$ en fonction du temps. On notera qu'un conflit induit par une hypothèse de rang 4 est susceptible d'impliquer une perte d'équilibre non rattrapable

de chute. L'utilisation de la décomposition du conflit associée à l'ordonnancement (par rang) des hypothèses permet quant à lui de préciser les différentes étapes amenant à une chute. Ainsi sur les résultats présentés, un conflit induit par une hypothèse de rang 4 est susceptible d'impliquer une perte d'équilibre non rattrapable.

4.2 Application au problème de la localisation d'un véhicule

4.2.1 Problème de localisation

La localisation est un problème phare pour les véhicules autonomes (voir par exemple [63] ou [8]). Les véhicules d'exploration ou encore les robots de service en sont deux exemples, l'un ou l'autre devant se situer dans l'environnement dans lequel il évolue. Plus généralement pour atteindre son objectif (en se déplaçant d'un point à un autre), le véhicule ou le robot mobile doit se localiser en utilisant différentes sources d'information sur l'environnement ou sur son mouvement propre.

Classiquement, les sources sont des odomètres, lesquels permettent d'estimer la distance parcourue par chaque roue (indépendamment l'une de l'autre). En supposant que le robot dispose d'une structure rigide, et connaissant le diamètre de chaque roue et l'entre-axe de l'essieu, le déplacement (composantes longitudinale et rotationnelle) entre deux instants peut être estimé. La position absolue du robot ou du véhicule est ensuite calculée par inté-

gration des mouvements estimés. La mesure des odomètres est considérée comme robuste sur une courte distance, mais sujette au biais par exemple lors d'un glissement de roue, et en raison de l'intégration, les erreurs dans la position absolue sont cumulées.
Durant la dernière décennie, différents auteurs [49] ont proposé des techniques dites d'odométrie visuelle. Cela consiste à utiliser les données issues d'une image (au lieu des odomètres) pour évaluer le déplacement du robot. Généralement des points caractéristiques (typiquement des points SURF [4] ou SIFT [43]) sont suivis sur des images successives de façon à déduire à la fois la structure de la scène (3D) et le mouvement de la caméra [3]. Ainsi de façon complémentaire à l'odométrie classique, l'odométrie visuelle utilise l'environnement du robot pour estimer sa localisation. L'estimation sera alors robuste aux glissements de roue, mais limitée par les performances du traitement d'image ainsi que par l'environnement (difficulté de trouver les points caractéristiques dans certains environnements, tels que des surfaces uniformes). La localisation dans le repère global par odométrie visuelle se fait (comme pour les odomètres) par intégration des déplacements, engendrant une accumulation d'erreurs.

Pour les robots ou véhicules explorateurs l'environnement est inconnu. Le robot ou véhicule doit à la fois découvrir et construire la carte de l'environnement tout en s'y localisant. Le problème dit SLAM (*Simultaneous Localization And Mapping*) est bien décrit dans [29, 71]. Dans [48], deux sources sont utilisées, une extéroceptive (comme le télémètre laser, ou la camera) pour recueillir des informations sur l'environnement, et l'autre proprioceptive (comme les odomètres) pour localiser le robot. Classiquement, les techniques de SLAM utilisent des filtres probabilistes (filtre de Kalman [73], filtre particulaire [48]). La fusion des données issues des sources est effectuée en deux étapes, la première utilise les sources proprioceptives pour calculer une prédiction, et la deuxième étape consiste à corriger l'estimation en utilisant les sources extéroceptives.

4.2.2 Estimateur de mouvement

Dans cette section nous présentons succinctement les différents algorithmes utilisés pour notre application de localisation du véhicule. Ces algorithmes sont nos sources de données.

Localisation par traitement des données d'odomètres

Cet algorithme utilise un modèle de déplacement de type "char" pour calculer la position du robot ou véhicule en fonction des données des odomètres des roues droite et gauche.
Le déplacement de chaque roue est donné par $\delta_{d,g} = \frac{2\pi r}{N} \times \psi_{d,g}$, N étant le nombre de "tick" (mécanisme pouvant être représenté par une roue dentée où chaque dent est un tick) par tour, r le rayon de la roue, et $\psi_{d,g}$ la mesure odométrique issue de la roue droite ou gauche.
Les déplacements longitudinal et rotationnel sont notés respectivement δ_s et δ_θ et calculés par $(\delta_s, \delta_\theta) = (\frac{\delta_r + \delta_l}{2}, \frac{\delta_l - \delta_r}{2e})$, e étant l'entraxe des roues où sont disposés les odomètres.
La position du véhicule est calculée par intégration du modèle de déplacement :

4.2. APPLICATION AU PROBLÈME DE LA LOCALISATION D'UN VÉHICULE

$$\begin{pmatrix} x_k \\ y_k \\ \theta_k \end{pmatrix} = \begin{pmatrix} x_{k-1} + \delta_{s_k} \cos\left(\theta_{k-1} + \frac{\delta\theta_k}{2}\right) \\ y_{k-1} + \delta_{s_k} \sin\left(\theta_{k-1} + \frac{\delta\theta_k}{2}\right) \\ \theta_{k-1} + \delta\theta_k \end{pmatrix} \quad (4.2)$$

Outre l'imprécision (éventuelle) sur les valeurs des paramètres du modèle (rayon de la roue, entraxe), l'estimation de la position a une imprécision liée à l'échantillonnage de la rotation de la roue en ticks. Le capteur odométrique fonctionne comme un compteur incrémentant une variable à chaque tick, plus le nombre de ticks en un tour de roue est important, plus la mesure est précise :

$$Prec_{\delta_s} = \frac{\pi r}{N}, \quad (4.3)$$

$$Prec_{\delta_\theta} = \frac{\pi r}{N \times e}. \quad (4.4)$$

SLAM (Simultaneous localization and mapping)

Il existe de nombreux algorithmes pour le SLAM. Celui utilisé dans notre étude, le *FastSlam* [47, 72] prédit la position du mobile en utilisant les odomètres et corrige sa position à l'aide de la caméra (de type kinect mais nous n'en n'exploitons pas la carte de profondeur). Un filtre particulaire est utilisé pour prédire la position du robot et des filtres de Kalman pour prédire la position de chaque amer dans l'image suivante.
L'algorithme a plusieurs paramètres :
 - liés aux données odométriques des roues :
   - le bruit odométrique (modélisé par une gaussienne),
   - le rayon des roues (r), l'entraxe des roues arrière (e), le nombre de tick par tour (N).
 - liés aux données de la caméra :
   - le nombre maximum d'amers,
   - le descripteur en vue de la mise en correspondance des amers dans les images successives,
 - liés à la fusion :
   - la position de la caméra par rapport au centre de l'essieu arrière.

L'évolution des particules au cours du temps est déterminée par l'intégration des données odométriques. Chacun des amers est suivi dans les images par la caméra, l'appariement est effectué par maximisation de la corrélation sur les fenêtres de voisinage autours des amers.
Le modèle de bruit odométrique inclut tous les types de bruit ou d'erreur (glissement des roues, approximation du modèle, mauvaise mesure du diamètre des roues ou de l'entraxe).
Le *FastSlam* est a priori plus robuste que la mesure odométrique simple, néanmoins en cas de fort glissement ou de mauvaise paramétrisation de l'algorithme la localisation peut être erronée. En plus des erreurs de paramétrisation et d'imprécision des odomètres, il présente aussi l'inconvénient d'un grand nombre de paramètres à étalonner.

Localisation par odométrie visuelle monoculaire

L'algorithme proposé par Andreas Geiger [37] permet d'estimer le déplacement d'un véhicule à partir d'un seul paramètre qui est la hauteur de la caméra par rapport au sol. La méthode repose sur la géométrie tri-focale entre images triples, l'hypothèse d'une géométrie de la caméra connus est posée, où l'étalonnage peut également varier au fil du temps. L'auteur utilise un filtre de Kalman ainsi qu'un critère de rejet des observations aberrantes.

4.2.3 Données utilisées

Dans cette étude, nous proposons de combiner les estimations de différents algorithmes de localisation dans le but d'améliorer la précision de chacune. Présentons rapidement ces données.

Expérience A

Dans la première expérimentation, les données brutes sont issues de capteurs disposés sur un robot interne au laboratoire ACCIS. Nous retrouvons les odomètres au niveau des roues ainsi que la caméra disposée sur l'avant du véhicule. Les composantes rotationnelle et longitudinale sont estimées à partir des trois algorithmes. Le premier (S_1) exploite seulement les données odométriques. Le second algorithme (S_2) exploite seulement les images [37]. Enfin, le troisième (S_3) algorithme FastSlam [47] exploite les odomètres ainsi que la caméra.

Expérience B

Le projet *Rawseeds*† a pour but de construire un ensemble d'outils de "*benchmarking*" pour des systèmes robots et ainsi permettre d'évaluer les performances de ces systèmes [10]. Le projet prévoit une vérité terrain correspondant aux différents trajets suivis par le robot, ainsi que les données des capteurs, brutes ou traitées par différents algorithmes. Trois algorithmes ont été considérés. Le premier (S_1) exploite seulement les données odométriques. Le second (S_2) exploite seulement les images [51]. Pour S_1 et S_2, les données proviennent de la base de données de *Rawseeds*. Enfin, le troisième algorithme (S_3), l'algorithme FastSlam [47], exploite les odomètres et la caméra. Les sources S_1 et S_3 sont les mêmes que pour l'expérience A, S_2 utilise une méthode différente.

4.2.4 Modèle de fusion

Dans les deux expériences les estimations du mouvement à partir des trois algorithmes sont partiellement dépendantes puisque certaines utilisent les mêmes sources physiques (caméras, odomètres). Un glissement d'une roue peut induire une erreur de l'estimation du mouvement par les algorithmes odomètres et FastSlam ; un environnement homogène ou une erreur de mise en correspondance peut induire une erreur des algorithmes FastSlam

---

†. http://www.rawseeds.org/

4.2. APPLICATION AU PROBLÈME DE LA LOCALISATION D'UN VÉHICULE

et d'odométrie visuelle.
À chaque instant le mouvement est décrit par un couple $(\delta_s, \delta_\theta)$ (composantes longitudinale et rotationelle), les extrema de ces valeurs étant bornés par les caractéristiques physiques du robot ou véhicule. Dans l'étude, ces intervalles ont été discrétisés en un nombre fini de valeurs, tel que la précision de δ_s soit de $6.10^{-3}m$, et la précision de δ_Θ soit de $\frac{1}{150}rad$.
L'espace de discernement Ω correspond à l'ensemble discret des paires $(\delta_s, \delta_\theta)$. On note $\overrightarrow{\delta_t^i} = (\delta_s^i(t), \delta_\theta^i(t))^t$ la mesure provenant de la source i à l'instant t, et $\overrightarrow{\delta_H} = (\delta_s(H), \delta_\theta(H))^t$ la paire de composantes associée à l'hypothèse H. Connaissant l'estimation de la source $\overrightarrow{\delta_t^i}$, la probabilité pignistique de l'hypothèse H, $H \in \Omega$, est calculée d'une manière ad-hoc par :

$$BetP(H) = \frac{1}{2\pi \times |\Sigma|^{\frac{1}{2}}} \exp\{\frac{-d^2(\overrightarrow{\delta_t^i}, \overrightarrow{\delta_H})}{2}\}, \quad (4.5)$$

où Σ est la covariance de la matrice et $d^2(\overrightarrow{\delta_t^i}, \overrightarrow{\delta_H})$ est la distance de Mahalanobis :

$$d^2(\overrightarrow{\delta_t^i}, \overrightarrow{\delta_H}) = \begin{pmatrix} \delta_s(H) - \delta_s(t) \\ \delta_\theta(H) - \delta_\theta(t) \end{pmatrix}^T \Sigma^{-1} \begin{pmatrix} \delta_s(H) - \delta_s(t) \\ \delta_\theta(H) - \delta_\theta(t) \end{pmatrix}.$$

Plus la distance entre l'hypothèse H et l'estimation de la source à t est grande, plus la probabilité de H est faible. En supposant que les composantes longitudinale et rotationnelle sont décorrélées, Σ est diagonale. Bien que la formulation de l'équation 4.5 soit générale, dans notre expérimentation Σ est supposée stationnaire dans le temps et égale pour les trois sources considérées.
Enfin, une BBA consonante centrée sur l'hypothèse maximisant l'équation 4.5 est construite par l'allocation proposée dans [25]. En effet, afin d'éviter de manipuler des BBA autoconflictuelles, nous considérons des BBA consonantes, comme proposé dans [44]. Pour toute BBA consonante, le nombre d'éléments focaux est $|\Omega|$.
Comme seconde hypothèse sur le modèle de données, nous considérons que la fréquence d'échantillonnage des données ($30Hz$) est élevée par rapport à l'accélération, de sorte que $\delta_s^i(t)$ et $\delta_\theta^i(t)$) varient lentement. Ainsi par "régularité", nous considérons le mouvement à l'instant $(t - 1)$ comme une source pour l'estimation de la fiabilité de l'estimation à l'instant t, ou même comme une estimation du mouvement à t. Nous verrons dans la section suivante comment la source à $(t - 1)$ est utilisée dans le processus de fusion.
Pour la combinaison, l'indépendance entre sources peut être utilisée seulement pour les sources S_1 et S_2, en effet S_1 et S_3 utilisent toutes deux les odomètres ; S_2 et S_3 utilisent toutes deux les données de la caméra. Donc nous utilisons la combinaison conjonctive pour S_1 et S_2, et la combinaison prudente [20] pour les autres paires de sources, dont la combinaison de $m_{1 \cap 2}$ avec m_3 si l'on utilise les trois sources.

4.2.5 Exploitation du conflit

Dans ce travail, nous estimons dynamiquement la fiabilité des sources pour améliorer la robustesse de la fusion. L'estimation du conflit (équation 3.11) est locale à l'hypothèse candidate à être choisie par la fusion. Si celle-ci est conflictuelle, nous essayons de supprimer la source non-fiable. Plutôt que d'utiliser un critère majoritaire pour décider quelles sont les sources fiables, nous proposons d'estimer la fiabilité par une distance locale (à une hypothèse) entre les mesures effectuées à deux instants successifs. Pour cela nous introduisons une pseudo-distance locale inter-BBA :

$$Dist_{Pl_{i,j}}(A, B) = \frac{1}{2} \left(|Pl_i(A) - Pl_j(A)| + |Pl_j(B) - Pl_i(B)| \right), \qquad (4.6)$$

avec Pl_j (resp. Pl_i), la fonction de plausibilité associée à m_j (resp. m_i), A et B deux hypothèses de 2^Ω. Soulignons ici que nous avons utilisé i et j pour être générique. Dans notre cas i et j correspondent à une seule source S (S_1, S_2 ou S_3) à deux instants successifs ($t-1$ et t).

L'équation 4.6 définit une pseudo-métrique : elle est non-négative et symétrique par construction, $\forall A \in 2^\Omega, Dist_{Pl_{i,j}}(A, A) = 0$, et elle satisfait l'inégalité triangulaire : $\forall (A, B, C) \in (2^\Omega)^3$, $Dist_{Pl_{i,j}}(A, C) + Dist_{Pl_{i,j}}(C, B) \geq Dist_{Pl_{i,j}}(A, B)$. Le but de cette distance locale est de localiser la mesure sur un sous-ensemble de 2^Ω (paire d'éléments), notre intérêt étant concentré sur quelques hypothèses (typiquement celles sélectionnées lors de l'étape de décision).

Précisément, si nous notons H_j et $H_{\bigcap}$ les éléments singletons maximisant la fonction de plausibilité de respectivement m_j et $m_{\bigcap}$, avec m_j la BBA consonante associée à la source S_j comme décrit dans la section 4.2.4 et $m_{\bigcap}$ la BBA après combinaison de l'ensemble des BBA, l'exploitation du conflit est composé de cinq étapes :

1. Calcul de l'ensemble $\mathcal{C}$ issu de la décomposition canonique de $m_{\bigcap}$, et des sous-ensembles $\Gamma_{\emptyset_l}$ (définition 3.5).

2. Calcul du degré de conflit introduit par le singleton choisi par l'étape de décision : $\overline{f_\emptyset}(H_{\bigcap}) = \sum_{\Gamma_{\emptyset_l} | H_{\bigcap} \in \Gamma_{\emptyset_l}} \frac{1}{|\Gamma_{\emptyset_l}|} f_\emptyset(\Gamma_{\emptyset_l})$, avec $f_\emptyset$ définie par l'équation 3.9.

3. Si $\overline{f_\emptyset}(H_{\bigcap}) > 0$, alors on cherche les sources non régulières, telles que : $Dist_{Pl_j}(H_j(t), H_j(t-1)) > T_D$ avec,

$$Dist_{Pl_j}(H_j(t), H_j(t-1)) = \frac{1}{2} \begin{pmatrix} |Pl_{j,t}(H_j(t)) - Pl_{j,t-1}(H_j(t))| \\ + |Pl_{j,t-1}(H_j(t-1)) - Pl_{j,t}(H_j(t-1))| \end{pmatrix}.$$

avec j l'indice de la source, t et $t-1$ deux instants successifs, $Pl_{j,t}$ la plausibilité de la source j au temps t. La valeur du seuil T_D a été fixée expérimentalement à $0, 5$.

4. Combinaison des sources considérées fiables, permettant d'obtenir la BBA $\hat{m}_{\bigcap}$.

5. Décision de $\hat{H}(t)$ par maximum de la probabilité pignistique associée à $\hat{m}_{\bigcap}$.

Donc la source S_i sera supprimée du processus de fusion si, d'une part, la combinaison de l'ensemble des sources induit un conflit (mesuré par $\overline{f_\emptyset}$, équation 3.9), et d'autre part, S_i ne satisfait pas l'hypothèse de régularité (mesurée par $Dist_{Pl_j}(H_j(t), H_j(t-1))$). On note que notre approche est différente de celle de [42] où l'auteur propose de détecter le conflit par un couple de mesures, à savoir la masse de l'ensemble vide et la norme L_∞ de la différence pignistique. En effet, outre le fait que nos mesures sont locales aux hypothèses de 2^Ω, nous utilisons la première mesure ($\overline{f_\emptyset}$) pour détecter le conflit, et la seconde ($Dist_{Pl_j}(H_j(t), H_j(t-1))$) pour identifier la source de conflit.

4.2. APPLICATION AU PROBLÈME DE LA LOCALISATION D'UN VÉHICULE

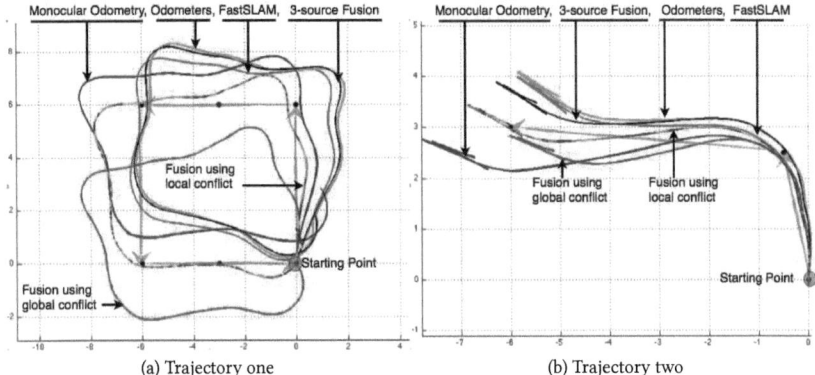

(a) Trajectory one   (b) Trajectory two

FIGURE 4.4 – Deux trajectoires différentes. Dans chacune, nous pouvons observer en vert, rouge et bleu l'intégration du mouvement par estimation des données des odomètres (S_1), FastSlam (S_3) et odométrie visuelle (S_2). La trajectoire en noir représente l'intégration du mouvement estimé par la fusion classique des sources, enfin les trajectoires multi-couleurs et violette correspondent à l'intégration du mouvement estimé par la fusion exploitant le conflit local et le conflit Dempsterien (processus dérivé de [59]), respectivement.

4.2.6 Résultat de l'expérience A

Nous présentons ici les résultats (principalement qualitatifs) obtenus dans le cas de deux trajets différents effectués par le robot d'ACCIS. Le premier trajet inclut une forte accélération en début de trajet, engendrant un glissement des roues. Lors du deuxième trajet, une accélération est effectuée dans un virage. La figure 4.4 présente une vue 2D du dessus de la scène 3D du monde physique.

Sur les trajectoires, nous remarquons une erreur des odomètres au commencement, ou dans le virage, due au glissement des roues. L'algorithme de vision monoculaire montre aussi des limitations dues à l'imprécision des paramètres de la caméra et des erreurs de mise en correspondance des points d'intérêt engendrées par la présence du mur blanc. Ces causes d'erreurs provoquent aussi des erreurs de l'algorithme FastSlam qui utilise les deux types de données. Nous observons que le conflit comme défini dans la section 4.2.5 permet d'estimer un mouvement plus proche de la vérité terrain même dans des cas extrêmes. De même, nous observons que ce résultat est meilleur que celui obtenu par la fusion des trois sources sans prise en compte du conflit.

4.2.7 Résultats de l'expérience B

Parmi les données de la base *Rawseeds*, nous choisissons une trajectoire incluant différentes difficultés ou situations pouvant induire des erreurs, comme un corridor avec des portes sur chaque côté, des murs avec différentes profondeurs, des espaces de formes et dimensions différents, des tables et des chaises. Par ailleurs le sol est lisse, avec occasionnellement des jonctions entre différents sections de sol. La figure 4.5 présente une vue 2D

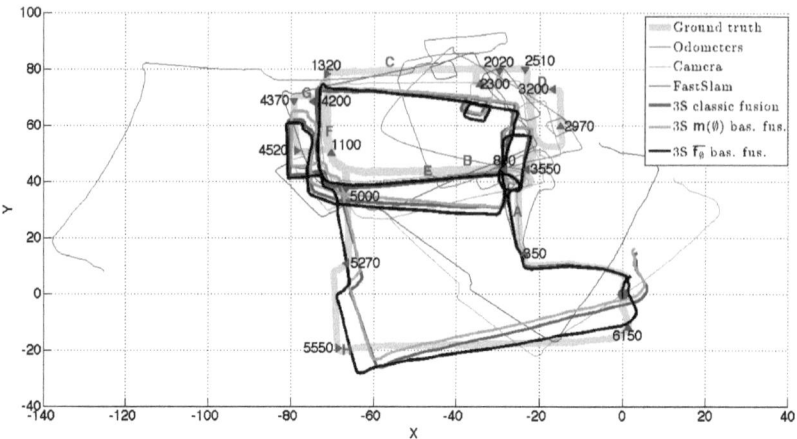

FIGURE 4.5 – Trajectoire *Rawseeds*. Les trajectoires issues de l'intégration du mouvement estimé soit par les odomètres (S_1), soit par odométrie visuelle (S_2), soit par FastSlam (S_3), sont respectivement en rouge, vert, bleu. La trajectoire noire est issue de l'intégration du mouvement estimé par la fusion fondée sur l'interprétation des valeurs $\overline{f_\emptyset}$. Les trajectoires résultant de la fusion classique des sources (i.e. sans prendre en compte le conflit entre sources) ainsi que de celle exploitant une mesure du conflit Dempsterien $m(\emptyset)$ sont indiquées en magenta et cyan, pour comparaison.

du dessus de la scène 3D avec les trajectoires issues de la vérité terrain, des estimations de chaque source individuelle et des différentes fusions. Qualitativement, nous notons que les estimations mono-sources présentent une dérive importante (les plus imprécises étant les odomètres). Inversement, nous observons que la fusion prévient cette dérive. La figure montre aussi que la comparaison qualitative des trois fusions : (i) fusion évidentielle classique en accord avec le modèle présenté dans la section 4.2.4, (ii-iii) fusion seulement des sources fiables lorsque le conflit est détecté, avec fiabilité des sources estimée par l'hypothèse de régularité comme expliqué dans la section 4.2.5. Le conflit entre les sources peut être détecté soit par la fonction proposée $\overline{f_\emptyset}$, soit à partir de la valeur de $m(\emptyset)$ (processus inspiré de [59]). Nous retrouvons les résultats qualitatifs observés dans l'expérience A : notamment le conflit exploité comme décrit dans la section 4.2.5 nous permet d'estimer un mouvement plus proche de la vérité terrain. La table 4.2 confirme quantitativement ces conclusions. L'analyse quantitative est fondée sur l'erreur quadratique moyenne ($RMSE$), définie comme la racine carrée de la norme L_2 de la différence entre valeurs estimées (δ_s ou δ_θ) et les valeurs de la vérité terrain (de la base de données *Rawseeds*). À partir de la table 4.2, nous notons dans un premier temps que les performances sont très élevées, puisque les valeurs $RMSE$ sont faibles, en considérant la précision de la carte.
Pour une analyse plus approfondie, nous comparons également avec la combinaison de

4.2. APPLICATION AU PROBLÈME DE LA LOCALISATION D'UN VÉHICULE

deux sources les plus complémentaires, à savoir S_1 (odomètres) et S_2 (camera) par rapport à la combinaison des trois sources (en ajoutant S_3, FatsSlam). D'après la table 4.2,

TABLE 4.2 – Performances de la localisation en termes d'estimation de $(\delta_s, \delta_\theta)$ issue du modèle de fusion 2D

$RMSE$ ($\times 10^3$)		δ_s	δ_θ
1 source	Odomètres	0,526	0,219
	Camera	0,647	0,191
2 sources	Fusion classique	0,588	0,200
	$m(\emptyset)$ fusion	0,539	0,200
	$\overline{f_\emptyset}$ fusion	0,539	0,200
1 source	FastSlam	0,573	0,202
3 sources	Fusion classique	0,562	0,190
	$m(\emptyset)$ fusion	0,549	0,189
	$\overline{f_\emptyset}$ fusion	0,542	0,189

la combinaison des deux sources fournit des résultats dans l'intervalle des performances mono-sources. Pour l'estimation de δ_θ, la prise en compte du conflit (ce que nous nommons "$m(\emptyset)$ fusion" ou "$\overline{f_\emptyset}$ fusion") améliore les résultats de la fusion d'une manière notable. Pour l'estimation de δ_s, les performances de la fusion sont vraiment proches que le conflit soit considéré ou pas. Les performances en utilisant $m(\emptyset)$ ou $\overline{f_\emptyset}$ sont presque équivalentes. Néanmoins, nous observons que, en combinant deux sources consonantes (chacune séparément), le conflit, quand il existe, est concentré sur un faible nombre d'hypothèses. Lorsque l'on ajoute une troisième source, une amélioration de la fusion classique peut être observée sur les estimations de δ_s et δ_θ. Pour la fusion utilisant la mesure de conflit Dempsterien, les performances augmentent seulement pour l'estimation de δ_θ. Enfin, la différence de performances entre la fusion classique et la fusion utilisant le conflit sont plus faibles pour la fusion de trois sources que pour la fusion de deux sources, principalement en raison de la performance de la fusion classique.

La table 4.2 présentait des résultats globaux. Nous affinons notre analyse à présent en présentant des résultats locaux.

La figure 4.6 montre les valeurs $RMSE$ des estimations δ_s et δ_θ, respectivement, en considérant une ou deux sources à combiner selon les différents processus de fusion. Les courbes ont été lissées sur 350 échantillons successifs (fenêtre glissante). La figure 4.6 confirme que les résultats de la fusion en prenant en compte le conflit sont meilleurs que ceux issus de la fusion classique. Nous observons qu'en général l'estimation des δ_s à partir des odomètres est plus précise que l'estimation de δ_θ par cette même source, alors que l'estimation à partir de la caméra donne une estimation plus précise de δ_θ et moins précise sur les δ_s. Ces différences de qualité sont dues en partie à la physique des capteurs, et en partie au bruit (et donc non systématiques). De ce fait, même si la fusion est légèrement plus mauvaise que les odomètres pour l'estimation de δ_s, elle reste meilleure pour l'estimation des δ_θ, et vice versa pour la comparaison avec l'estimation par la caméra. En raison de ces différents comportements, nous avons testé séparément la fusion pour δ_s et la fusion pour δ_θ (le mo-

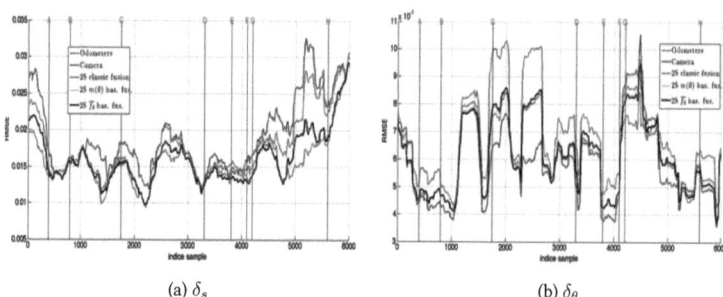

(a) δ_s (b) δ_θ

FIGURE 4.6 – Valeurs $RMSE$ sur les estimations de (a) δ_s et (b) δ_θ soit par une source individuelle, soit par fusion de deux sources, soit par la fusion classique soit en tenant compte du conflit via $m(\emptyset)$ ou via $\overline{f_\emptyset}$.

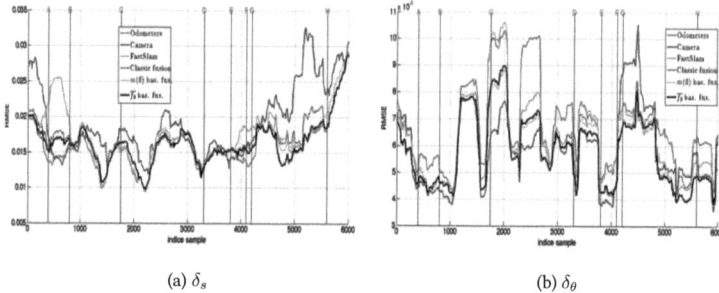

(a) δ_s (b) δ_θ

FIGURE 4.7 – Valeurs $RMSE$ sur les estimations de (a) δ_s et (b) δ_θ soit par une source individuelle, soit par fusion de trois sources, soit par la fusion classique, soit en tenant compte du conflit via $m(\emptyset)$ ou via $\overline{f_\emptyset}$.

dèle devient donc une simple version 1D du précédent modèle 2D proposé). Comme les résultats étaient très proches de ceux présentés ici, peut-être un peu moins robustes, nous avons conservé le modèle 2D.

La figure 4.7 est similaire à la figure 4.6 mais en considérant les trois sources. Nous observons que, pour l'estimation de δ_s, la fusion fondée sur l'interprétation du conflit (en utilisant la décomposition du conflit) atteint à peu près les mêmes performances que les odomètres (tracé rouge), et pour l'estimation de δ_θ, dans la plupart des cas, la fusion fondée sur le conflit atteint les mêmes performances que la caméra (tracé bleu).

Nous notons quelques différences apparentes entre les fusions utilisant $m(\emptyset)$ et $\overline{f_\emptyset}$, même si les résultats restent proches (le même processus de sélection des sources fiables, décrit dans la section 4.2.5, est utilisé).

Le tableau 4.3 montre le pourcentage de choix en termes de sélection de source. Pour la fusion de deux sources, comme nous l'avons déjà remarqué, le deuxième critère de détec-

4.2. APPLICATION AU PROBLÈME DE LA LOCALISATION D'UN VÉHICULE

tion de conflit (utilisant $m(\emptyset)$ soit $\overline{f_\emptyset}$) conduit à des résultats proches. En ce qui concerne la fusion de trois sources, les deux critères conduisent à des choix différents, en particulier selon $\overline{f_\emptyset}$ la combinaison des trois sources est moins souvent choisie.

TABLE 4.3 – Pourcentage des choix de combinaison de sources pour les fusions en utilisant le conflit.

	2 sources		3 sources	
Fusion basée sur	$m(\emptyset)$	$\overline{f_\emptyset}$	$m(\emptyset)$	$\overline{f_\emptyset}$
Odomètre	5,6%	6,5%	0,05%	1,6%
Caméra	0,9%	1,4%	0,03%	0,9%
FastSlam			0,02%	0,7%
Odom. et Caméra	93,5%	92,1%	0,40%	2,7%
Odom. et FastSlam			1,10%	4,4%
Caméra and FastSlam			0,00%	0,5%
3 sources			98,40%	89,2%

Dans les figures 4.6 et 4.7, plusieurs sous-parties de la trajectoire ont été identifiées (voir la figure 4.5) : $[A, B]$ est un virage (initialement à environ $\frac{\pm\pi}{2}$, $\frac{-\pi}{2}$ vers la droite), $[C, D]$ contient deux boucles successives (chacune avec quatre boucles à $\frac{\pm\pi}{2}$), $[E, F]$ est une ligne droite avec un seul virage à $\frac{-\pi}{2}$, $[G, H]$ contient une boucle suivie par des virages successifs à $\frac{\pm\pi}{2}$. À partir des figures 4.6 et 4.7, nous observons que la plupart des difficultés à estimer δ_θ sont engendrées par la succession de virages proches. Pour δ_s il est plus difficile d'identifier une cause des erreurs et nous supposons un certain patinage des roues.

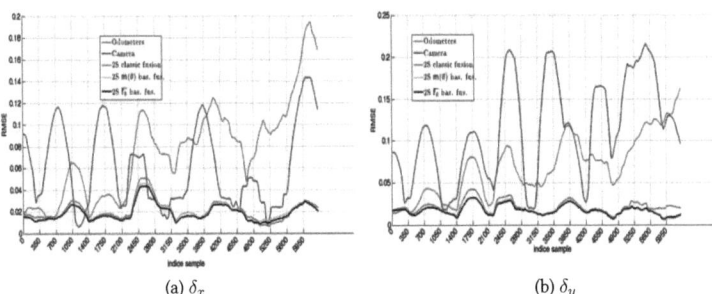

(a) δ_x (b) δ_y

FIGURE 4.8 – Valeurs $RMSE$ sur (a) δ_x et (b) δ_y estimées par les sources individuelles ou par la fusion deux sources, avec la fusion classique ou en tenant compte du conflit via $m(\emptyset)$ ou via $\overline{f_\emptyset}$.

Finalement, les figures 4.8 et 4.9 sont similaires aux figures 4.6 et 4.7, excepté que le déplacement est en coordonnées cartésiennes (δ_x, δ_y). Les courbes sont plus régulières en raison de l'intégration de δ_θ dans le calcul de (δ_x, δ_y).

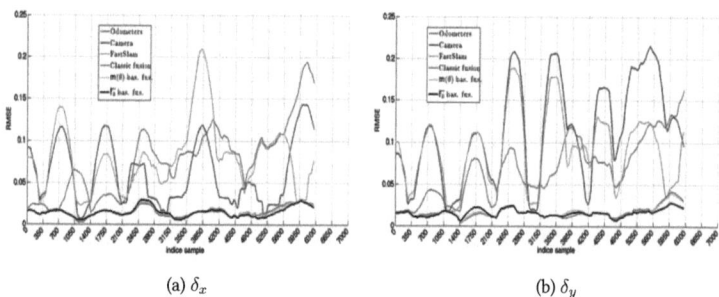

(a) δ_x \qquad (b) δ_y

FIGURE 4.9 – Valeurs $RMSE$ sur (a) δ_x et (b) δ_y estimées par les sources individuelles ou par la fusion trois sources, avec la fusion classique ou en tenant compte du conflit via $m(\emptyset)$ ou via $\overline{f_\emptyset}$.

La figure 4.8 illustre clairement l'intérêt de prendre en compte le conflit entre sources durant le processus de fusion. Pour le cas des trois sources, les valeurs globales $RMSE$ de (δ_x, δ_y) sont égales à $(0, 51; 0, 57)$ pour la fusion classique, à $(0, 52; 0, 57)$ lorsque l'on prend en compte la valeur de $m(\emptyset)$, et à $(0, 50; 0, 52)$ pour la fusion exploitant la valeur de $\overline{f_\emptyset}$.

4.2.8 Conclusion

En conclusion, ces expérimentations montrent que la prise en compte d'une mesure de conflit ($m(\emptyset)$ ou $\overline{f_\emptyset}$) dans le processus de fusion améliore nettement la robustesse de ce dernier. On voit également que la mesure proposée $\overline{f_\emptyset}$ permet une finesse supérieure à la mesure globale (conflit Dempsterien) ce qui se traduit par des résultats plus performants. L'analyse de $\overline{f_\emptyset}$ nous permet de détecter le conflit de façon à pouvoir choisir les sources les plus appropriées pour la combinaison et la prise de décision.
Une mesure globale comme le conflit Dempsterien ou une mesure de dissimilarité ne permet pas une analyse fine de la fiabilité des sources ni de déterminer l'origine du conflit, alors que la mesure proposée le peut. L'exploitation de cette dernière nous permet d'identifier les sources induisant le conflit et ainsi choisir les sources les plus appropriées pour la combinaison et la prise de décision.

4.3 Ré-allocation canonique

Nous présentons dans cette section une utilisation directe de la décomposition du conflit. La fonction $f_\emptyset$ mesure le conflit introduit pour chaque sous-ensemble $\Gamma_{\emptyset_l}$. En nous inspirant du principe de la règle de combinaison hybride, nous proposons de redistribuer chaque conflit de la décomposition sur la disjonction des hypothèses du sous-ensemble $\Gamma_{\emptyset_l}$ associé.

4.3. RÉ-ALLOCATION CANONIQUE

Cette redistribution est une généralisation de la combinaison hybride au cas de la combinaison à N sources. L'intérêt d'utiliser notre décomposition du conflit est qu'elle identifie de manière unique les différents sous-ensembles d'hypothèses contribuant au conflit. La gestion du conflit interne à une BBA doit permettre de limiter le conflit global pouvant être engendré lors de la combinaison conjonctive de cette BBA. Différentes règles permettent la gestion du conflit comme la règle de Dempster, la règle de Yager, la règle de Dubois Prade, la règle PCR6 [45] (c.f. chapitre 2.8.4) chacune répartissant le conflit sur des sous-ensembles de Ω. Par ailleurs, la décomposition canonique montre que chaque BBA peut être décomposée par un ensemble de GSSF. Nous proposons ici que le conflit interne à une BBA, issue de la combinaison conjonctive des GSSF, puisse être géré par substitution à la règle conjonctive d'une règle gérant le conflit. Il ne s'agit donc plus de reconstituer la BBA initiale mais de ré-allouer une BBA de façon à avoir moins de conflit interne. Nous définissons notre ré-allocation à partir de la fonction $f_\emptyset$. Dans la suite nous considérons $\mu_i, i = \{0, ..., M\}$ les GSSF issues de la décomposition canonique d'une BBA m, avec μ_0 la GSSF associée à l'ensemble vide.

Définition 4.1 :
Soit m une BBA, w la décomposition canonique de m, $\Gamma_{\emptyset_l} = \{H_i, i \in \{1, ..., |\Gamma_{\emptyset_l}|\}\}$ un sous-ensemble parmi L de $|\Gamma_{\emptyset_l}|$ hypothèses de 2^Ω en conflit telle qu'il est défini par 3.5 et $f_\emptyset$ la fonction de décomposition du conflit défini par 3.9. Nous définissons la ré-allocation par la fonction $m_\emptyset$ suivante :

$$\forall A \in 2^\Omega \setminus \{\emptyset\}, m_\emptyset(A) = \frac{1}{w(\emptyset)} \left[m(A) + \sum_{\substack{l \mid \\ H_i \in \Gamma_{\emptyset_l} \mid \\ \cup_{i=1}^{|\Gamma_{\emptyset_l}|} H_i = A}} f_\emptyset(\Gamma_{\emptyset_l}) \right]. \tag{4.7}$$

$$m_\emptyset(\emptyset) = 0. \tag{4.8}$$

Proposition 4.1 :
La ré-allocation définie par $m_\emptyset$ est une BBA.

Preuve.

$$m = \bigcirc_{i=0}^{M} \mu_i$$
$$= \bigcirc_{i=1}^{M} \mu_i \bigcirc \mu_0$$

avec $\mu_0(\emptyset) \neq 0$ si et seulement si $w(\emptyset) \neq 1$ ($w(\emptyset) = \mu_0(\Omega)$ et $\forall A \in 2^\Omega \setminus \{\emptyset, \Omega\}\ \mu_0(A) = 0$).
Ainsi,

$$m(A) = \begin{cases} \left[\bigcirc_{i=1}^{M} \mu_i\right](A) \times \mu_0(\Omega) & \forall A \in 2^\Omega \setminus \{\emptyset\} \\ \left[\sum_{B \in 2^\Omega} \left[\bigcirc_{i=1}^{M} \mu_i\right](B)\right] \times \mu_0(\emptyset) & \text{si } A = \emptyset \end{cases}$$

Donc :

$$\forall A \in 2^\Omega \setminus \{\emptyset\}, \left[\bigcirc_{i=1}^M \mu_i\right](A) = \frac{m(A)}{w(\emptyset)}$$

Posons :

$$\forall A \in 2^\Omega, m^*(A) = \left[\bigcirc_{i=1}^M \mu_i\right](A).$$

Soit $f_\emptyset^*$ la fonction de décomposition du conflit associée (c.f. définition 3.6). Hormis $\{\emptyset\}$, les ensembles $\Gamma_{\emptyset_l} = \{H_i, i \in \{1, ..., |\Gamma_{\emptyset_l}|\}\}$ sont les mêmes pour m et m^*. En effet si $\emptyset \in \mathcal{C}$, alors $\emptyset$ appartient à un sous-ensemble $\Gamma_{\emptyset_l}$ composé uniquement de $\emptyset$.
D'après la définition 3.6, $\forall \Gamma_{\emptyset_l} \neq \{\emptyset\}$, $f_\emptyset(\Gamma_{\emptyset_l}) = f_\emptyset^*(\Gamma_{\emptyset_l}) \times w(\emptyset)$.
Posons :

$$\begin{cases} \forall A \in 2^\Omega \setminus \{\emptyset\}, m^{*'}(A) = m^*(A) + \sum_{\substack{l \mid \\ H_i \in \Gamma_{\emptyset_l} \mid \\ \cup_{i=1}^{|\Gamma_{\emptyset_l}|} H_i = A}} f_\emptyset^*(\Gamma_{\emptyset_l}). \\ m^{*'}(\emptyset) = 0. \end{cases}$$

Donc,

$$\forall A \in 2^\Omega \setminus \{\emptyset\}, m^{*'}(A) = \frac{m(A)}{w(\emptyset)} + \sum_{\substack{l \mid \\ H_i \in \Gamma_{\emptyset_l} \mid \\ \cup_{i=1}^{|\Gamma_{\emptyset_l}|} H_i = A}} \frac{f_\emptyset(\Gamma_{\emptyset_l})}{w(\emptyset)},$$

$$= \frac{1}{w(\emptyset)} \left[m(A) + \sum_{\substack{l \mid \\ H_i \in \Gamma_{\emptyset_l} \mid \\ \cup_{i=1}^{|\Gamma_{\emptyset_l}|} H_i = A}} f_\emptyset(\Gamma_{\emptyset_l}) \right]$$

Nous avons posé $m^{*'}(\emptyset) = 0$, ainsi :

$$\sum_{A \in 2^\Omega} m^{*'}(A) = \frac{1}{w(\emptyset)} \left[\sum_{A \in 2^\Omega \setminus \{\emptyset\}} m(A) + \sum_{A \in 2^\Omega \setminus \{\emptyset\}} \sum_{\substack{l \mid \\ H_i \in \Gamma_{\emptyset_l} \mid \\ \cup_{i=1}^{|\Gamma_{\emptyset_l}|} H_i = A}} f_\emptyset(\Gamma_{\emptyset_l}) \right]$$

Or,

$$\sum_{A \in 2^\Omega} \sum_{\substack{l \mid \\ H_i \in \Gamma_{\emptyset_l} \mid \\ \cup_{i=1}^{|\Gamma_{\emptyset_l}|} H_i = A}} f_\emptyset(\Gamma_{\emptyset_l}) = m(\emptyset)$$

4.3. RÉ-ALLOCATION CANONIQUE

Donc,

$$\sum_{A\in 2^\Omega\setminus\{\emptyset\}} \sum_{\substack{l| \\ H_i \in \Gamma_{\emptyset_l}| \\ \cup_{i=1}^{|\Gamma_{\emptyset_l}|} H_i = A}} f_\emptyset(\Gamma_{\emptyset_l}) = m(\emptyset) - f_\emptyset(\Gamma_{\emptyset_0})$$

avec $\Gamma_{\emptyset_0} = \{\emptyset\}$.
Et $f_\emptyset(\Gamma_{\emptyset_0}) = 1 - w(\emptyset)$ (d'après l'équation 3.9), donc

$$\sum_{A\in 2^\Omega} m^{*'}(A) = \frac{1}{w(\emptyset)}\left([1-m(\emptyset)] + m(\emptyset) - (1-w(\emptyset))\right)$$
$$= 1$$

Donc $\sum_{A\in 2^\Omega} m^{*'}(A) = 1$.
Enfin, si m est une SBBA, nous pouvons garantir que $\forall \Gamma_{\emptyset_l}, f_\emptyset(\Gamma_{\emptyset_l}) \geq 0$, donc $\forall A \in 2^\Omega, m^{*'}(A) \geq 0$. Donc $m^{*'}$ est bien une BBA si m est une SBBA. Dans le cas contraire où m est quelconque, nous avons également vérifié numériquement que $m^{*'}$ est une BBA. Or $m^{*'} = m_\emptyset$. □

À présent observons la répartition du conflit interne à une BBA par la règle proposée, l'exemple est repris de celui de Zadeh modifié pour l'utilisation de la décomposition canonique.

Exemple 4.1 : Ré-allocation du conflit dans l'exemple de Zadeh modifié :
L'exemple de Zadeh est ici adapté à une décomposition canonique.

	$\emptyset$	A	B	$A\cup B$	C	$A\cup C$	$B\cup C$	Ω
m_1	0	0,89	0,1	0	0	0	0	0,01
m_2	0	0	0,1	0	0,89	0	0	0,01
w_1	9,89	0,0111	0,0909	1	1	1	1	1
w_2	9,89	1	0,0909	1	0,0111	1	1	1
$m_{1\emptyset}$	0	0,08989	0,0101	0,8989	0	0	0	0,00101
$m_{2\emptyset}$	0	0	0,01010	0	0,08989	0	0,8989	0,00101
$m_{1\emptyset}\bigcirc m_{2\emptyset}$	0,1715	0,00009	0,8264	0,0009	0,00009	0	0,0009	0,000001
$m_1 \bigcirc_2$	0,9701	0,0089	0,012	0	0,0089	0	0	0,0001

m_1 et m_2 sont fortement engagées sur des hypothèses d'intersections vides, ce qui engendre un fort conflit lors de la combinaison conjonctive ($m_{1\bigcirc 2}(\emptyset) = 0,97$). Par la fonction de ré-allocation du conflit nous construisons les BBA $m_{1\emptyset}$ et $m_{2\emptyset}$ qui combinées par la règle conjonctive donnent $[m_{1\emptyset} \bigcirc m_{2\emptyset}]$. On constate que la ré-allocation permet de limiter le conflit inter-BBA et de trouver un consensus sur l'hypothèse B.

Chapitre 5

Conclusion

La fusion multi-sources exploite la complémentarité et la redondance des informations afin d'améliorer la fiabilité et la robustesse de la décision. Le contexte de cette thèse est l'interprétation du conflit comme une information à part entière et la nécessité d'une analyse précise de celui-ci. Cette exploitation doit permettre la remise en cause de certaines hypothèses de l'espace de discernement, ou peut être également vue comme une remise en cause du modèle de représentation. Des erreurs plus techniques peuvent être interprétées, comme la détection du non fonctionnement normal d'une source ou la détection d'un évènement par rapport à un modèle.

Nos travaux nous ont conduits à deux contributions principales. La première est théorique. Nous avons proposé une décomposition du désaccord inter-sources ou plus précisément du conflit Dempsterien. Nous avons montré l'unicité de cette décomposition et expliqué l'algorithme de calcul, à partir de la décomposition canonique de la fonction de croyance. Précisément le conflit Dempsterien est écrit comme la somme sur les sous-ensembles de l'espace de discernement de conflits locaux apportés par chaque hypothèse simple ou composée. Cette décomposition s'applique à l'analyse du confit intra-source (inhérent à la source) ou du conflit inter-sources (qui apparaît lors de la fusion des sources). Nous avons illustré sur des exemples jouets comment l'observation de la répartition du conflit par rapport aux différentes hypothèses peut permettre l'identification de l'origine de certains conflits.

La seconde contribution est applicative. Les cadres applicatifs développés proposent la mise en œuvre de l'exploitation du conflit sous la décomposition suivante : (i) décomposition du conflit par la mesure proposée, (ii) exploitation précise du conflit, (iii) prise en compte du conflit lors des étapes de combinaison ou/et de décision finale.

Trois applications ont été étudiées. La première concerne la détection préventive de chute un véhicule type bicycle (moto). Les sources de données sont typiquement les accélérations mesurées sur les deux roues. Un conflit entre ces mesures, supposées hautement redondantes, sera alors interprété comme un début de chute (glissement ou choc). Nous avons montré que le conflit Dempstérien est un bon indicateur de perte d'équilibre de la moto.

La deuxième application concerne la localisation de véhicule, problème essentiel pour l'autonomie des véhicules d'exploration comme des robots de service. Les sources sont des sorties d'algorithmes d'estimation de mouvement du véhicule (odomètres, odométrie visuelle, fastSlam). Nous avons montré d'abord qu'estimer dynamiquement la fiabilité des sources permet d'améliorer la fusion, et que la décomposition du conflit permet une mesure plus fine de la fiabilité de la fusion que la mesure du conflit Dempsterien. En cas de conflit détecté, la fiabilité de chaque source est ensuite évaluée sur un critère de vérification (ou non) d'une hypothèse de régularité temporelle, définie à partir d'une mesure de distance locale aux hypothèses simples ou composées.

Enfin, comme troisième application de notre décomposition du conflit nous proposons une généralisation de la combinaison hybride de Dubois et Prade au cas de la combinaison de N sources. Notre mesure calculant le conflit partiel associé à chaque sous-ensemble d'hypothèses, en nous inspirant du principe de la règle de combinaison hybride, nous redistribuons la masse de ce conflit partiel à la disjonction des hypothèses du sous-ensemble. La décomposition du conflit permet d'identifier de manière unique les différents sous-ensembles d'hypothèses contribuant au conflit.

Parmi les perspectives de ce travail, nous en présentons deux, une plus théorique et une deuxième plus applicative.

La perspective applicative est associée au domaine de la classification d'images. Elle consiste à utiliser la décomposition du conflit pour détecter des erreurs de modélisation de certaines classes, pour détecter une erreur sur l'espace de discernement (comme un oubli d'hypothèse), ou pour détecter l'incapacité d'une source à distinguer certaines hypothèses. Plus spécifiquement dans le cadre de l'analyse d'images IRM, la détection d'une pathologie peut être effectuée par une comparaison des images acquises à des dates différentes ou selon des protocoles différents. L'application de notre mesure de conflit permettrait de définir une méthode de détection de pathologie comme une nouvelle classe, dont la détection pourrait être effectuée par l'analyse de notre mesure.

En ce qui concerne la perspective théorique, elle consiste à formaliser une redistribution du conflit comme un processus de ré-allocation de BBA notamment dans le cas d'un grand nombre de sources à combiner. Le cadre applicatif est le suivant : dans le cas de sources de type images les estimations, produites par la source, des valeurs des variables d'intérêt peuvent être à différents niveaux : pixel, objet ou niveau scène. On pense par exemple à des sources logiques correspondant à des algorithmes de détection d'objets dans des séquences vidéo. Une fois la modélisation des sources effectuée sous forme de BBA, elles doivent être combinées. Nous avons vu que dans la mesure où l'objectif de la fusion de données est de fournir une information plus précise qu'une source unique, les règles conjonctives sont favorisées. Ces règles sont cependant génératrices de conflit d'autant plus que le nombre de sources est important (il s'agit d'envisager la combinaison d'une dizaine ou plus de sources). La règle hybride pourrait alors paraître intéressante, mais n'est pas associative. La décomposition du conflit proposée identifie de manière unique les sous-ensembles induisant le conflit et peut se voir comme une généralisation de la combinaison hybride à N sources. À partir de la ré-allocation du conflit proposée il serait possible de développer les principes théoriques permettant de généraliser cette ré-allocation aux cas de BBA quelconques donnant alors une solution à la répartition du conflit pour une combinaison à N sources.

Bibliographie

[1] A. Appriou. Probabilities and uncertainty in the fusion of multisensor data. Technical Report 11, Office national d'études et de recherches aerospatiales, 1991. [cited at p. 42, 111]

[2] A. Appriou. Multisensor signal processing in the framework of the theory of evidence. Technical report, Office national d'études et de recherches aerospatiales, 1999. [cited at p. 111]

[3] A. Bak, S. Bouchafa, and D. Aubert. Detection of independently moving objects through stereo vision and ego-motion extraction. In *IEEE Intelligent Vehicles Symposium (IV)*, pages 863–870, 2010. [cited at p. 78]

[4] H. Bay, A. Ess, T. Tuytelaars, and L. Van Gool. Speeded-up robust features (SURF). *Computer Vision and Image Understanding*, 110(3) :346–359, 2008. [cited at p. 78]

[5] C. J. Bezdek. *Pattern Recognition with Fuzzy Objective Function Algorithms*. Kluwer Academic Publishers, Norwell, MA, USA, 1981. [cited at p. 43]

[6] S. S. Blackman and R. Popoli. *Design and analysis of modern tracking systems*, volume 685. Artech House Norwood, MA, 1999. [cited at p. 45, 49]

[7] I. Bloch. *Fusion d'informations en traitement du signal et des images*. Hermes, 2003. [cited at p. 8, 29]

[8] J. Borenstein, H. R. Everett, and L. Feng. *Navigating Mobile Robots : Systems and Techniques*. A. K. Peters, Ltd., Wellesley, MA, 1996. [cited at p. 77]

[9] D. Bouyssou, D. Dubois, M. Pirlot, and H. Prade. *Concepts et méthodes pour l'aide à la décision, volume 1, outils de modélisation*. Hermès, 2006. [cited at p. 6]

[10] S. Ceriani, G. Fontana, A. Giusti, D. Marzorati, M. Matteucci, D. Migliore, D. Rizzi, D. Sorrenti, and P. Taddei. Rawseeds ground truth collection systems for indoor self-localization and mapping. *Autonomous Robots*, 27 :353–371, 2009. [cited at p. 80]

[11] W. Chenglin, W. Yingchang, and X. Xiaobin. Fuzzy information fusion algorithm of fault diagnosis based on similarity measure of evidence. In *Advances in Neural Networks*, volume 5264, pages 506–515. Springer Berlin / Heidelberg, 2008. [cited at p. 45, 47]

[12] F. Cuzzolin. Geometry of Dempster's rule of combination. *IEEE Transactions on Systems, Man, and Cybernetics - part B*, 34(2) :961–977, 2004. [cited at p. 44]

[13] F. Cuzzolin. A geometric approach to the theory of evidence. *IEEE Transactions on Systems, Man, and Cybernetics - part C : Applications and Reviews*, 38(4) :522–534, 2008. [cited at p. 44]

[14] A. Dempster. New methods for reasoning towards posterior distributions based on sample data. *The Annals of Mathematical Statistics*, 37 :355–374, 1966. [cited at p. 11]

[15] A. P. Dempster. Upper and lower probabilities induced by a multivalued mapping. *Annals of Mathematics*, 38 :325–339, 1967. [cited at p. 11]

[16] A. P. Dempster. Upper and lower probabilities inferences based on a sample from a finite univariate population. *Biometrica*, 54 :515–528, 1967. [cited at p. 11]

[17] A. P. Dempster. A generalization of Bayesian inference. *Journal Royal Statistical Society*, B 30 :205–247, 1968. [cited at p. 11]

[18] T. Denoeux. A k-nearest neighbor classification rule based on Dempster-Shafer theory. *IEEE Transactions on Systems, Man and Cybernetics,*, 25(5) :804–813, may 1995. [cited at p. 11, 43, 112]

[19] T. Denoeux. Inner and outer approximation of belief structures using a hierarchical clustering approach. *International Journal of Uncertainty, Fuzziness and Knowledge-Based Systems*, 9(4) :437–460, 2001. [cited at p. 45]

[20] T. Denoeux. Conjunctive and disjunctive combination of belief functions induced by nondistinct bodies of evidence. *Artificial Intelligence*, 172(2-3) :234–264, 2008. [cited at p. 36, 37, 39, 43, 81]

[21] J. Diaz, M. Rifqi, and B. Bouchon-Meunier. A similarity measure between Basic Belief Assignments. In *9th International Conference on Information Fusion*, pages 1–6, 2006. [cited at p. 45, 46]

[22] D. Dubois and H. Prade. A note on measures of specificity for fuzzy sets. *International Journal of General Systems*, 10(4) :279–283, 1985. [cited at p. 36]

[23] D. Dubois and H. Prade. A set-theoretic view of belief functions : Logical operations and approximations by fuzzy sets. *International Journal of General Systems*, 12 :193–226, 1986. [cited at p. 37]

[24] D. Dubois and H. Prade. *Possibility theory*. Plenum Press, New York, 1988. [cited at p. 8]

[25] D. Dubois and H. Prade. Representation and combination of uncertainty with belief functions and possibility measures. *Computational Intelligence*, 4(3) :244–264, 1988. [cited at p. 12, 39, 40, 42, 68, 75, 81]

[26] D. Dubois and H. Prade. Consonant approximations of belief functions. *International Journal of Approximate Reasoning, Special Issue : Belief Functions and Belief Maintenance in Artificial Intelligence*, 4(5/6) :419–449, 1990. [cited at p. 54]

[27] D. Dubois, H. Prade, and P. Smets. New semantics for quantitative possibility theory. In *Proceedings of the 6th European Conference on Symbolic and Quantitative Approaches to Reasoning with Uncertainty*, ECSQARU '01, pages 410–421, London, UK, UK, 2001. Springer-Verlag. [cited at p. 36]

[28] D. Dubois, H. Prade, and P. Smets. A definition of subjective possibility. *International Journal of Approximate Reasoning*, 48(2) :352 – 364, 2008. In Memory of Philippe Smets (1938-2005). [cited at p. 110]

[29] A. Eudes, M. Lhuillier, S. Naudet-Collette, and M. Dhome. Fast odometry integration in local bundle adjustment-based visual SLAM. In *International Conference on Pattern Recognition*, pages 290–293, Washington, DC, USA, 2010. [cited at p. 78]

[30] D. Fixsen and R.P.S. Mahler. The modified Dempster-Shafer approach to classification. *IEEE Transactions on Systems, Man, and Cybernetics, Part A : Systems and Humans*, 27(1) :96–104, jan 1997. [cited at p. 44]

[31] D. Gruyer, C. Royere, and V. Cherfaoui. Heterogeneous multi-criteria combination with partial or full information. In *Proceedings of the Sixth International Conference of Information Fusion, 2003*, volume 2, pages 1186 – 1193, 2003. [cited at p. 48]

[32] D. Harmanec. Faithful approximations of belief functions. In *Proceedings of the Fifteenth Conference Annual Conference on Uncertainty in Artificial Intelligence (UAI-99)*, pages 271–278, San Francisco, CA, 1999. Morgan Kaufmann. [cited at p. 45]

[33] M. Higashi and G. J. Klir. On the notion of distance representing information closeness : Possibility and probability distributions. *International Journal of General Systems*, 9(2) :103–115, 1983. [cited at p. 36]

[34] T. Inagaki. Interdependence between safety-control policy and multiple-sensor schemes via Dempster-Shafer theory. *IEEE Transactions on Reliability*, 40(2) :182 – 188, jun 1991. [cited at p. 40]

[35] A.-L. Jousselme, D. Grenier, and É. Bossé. A new distance between two bodies of evidence. *Information Fusion*, 2(2) :91–101, 2001. [cited at p. 44, 45, 46]

[36] A.-L. Jousselme and P. Maupin. Distances in evidence theory : Comprehensive survey and generalizations. *International Journal of Approximate Reasoning*, 53(2) :118–145, 2012. [cited at p. 12, 44]

[37] B. Kitt, A. Geiger, and H. Lategahn. Visual odometry based on stereo image sequences with Ransac-based outlier rejection scheme. In *IEEE Intelligent Vehicles Symposium*, San Diego, USA, June 2010. [cited at p. 80]

[38] F. Klawonn and P. Smets. The dynamic of belief in the transferable belief model and specialization - generalization matrices. In *Uncertainty in Artificial Intelligence 92*, pages 130–137. Morgan Kaufman, San Mateo, Ca, 1992. [cited at p. 37]

[39] G. J. Klir and M. J. Wierman. *Uncertainty-based information : Elements of generalized information theory*. New York : Physica-Verlag, 2nd corr. ed. edition, 1999. [cited at p. 45]

[40] E. Lefevre, O. Colot, and P. Vannoorenberghe. Belief function combination and conflict management. *Information Fusion*, 3(2) :149–162, 2002. [cited at p. 40]

[41] C. Lévi-Strauss. *Anthropologie structurale*. Plon edition, 1958. [cited at p. 8]

[42] W. Liu. Analyzing the degree of conflict among belief functions. *Artificial Intelligence*, 170(11) :909–924, 2006. [cited at p. 12, 49, 82]

[43] D.G. Lowe. Distinctive image features from scale-invariant keypoints. *International Journal of Computer Vision*, 60(2) :91–110, 2004. [cited at p. 78]

[44] A. Martin, A.-L. Jousselme, and C. Osswald. Conflict measure for the discounting operation on belief functions. In *IEEE 11th Annual Conference on Information Fusion*, pages 1–8, Cologne, Germany, 2008. [cited at p. 47, 48, 53, 54, 81]

[45] A. Martin and C. Osswald. A new generalization of the proportional conflict redistribution rule stable in terms of decision. *Advances and Applications of DSmT for Information Fusion*, 2 :69–88, 2006. [cited at p. 89]

[46] D. Mercier, B. Quost, and T. Denoeux. Refined modeling of sensor reliability in the belief function framework using contextual discounting. *Information Fusion*, 9(2) :246–258, 2008. [cited at p. 21]

[47] M. Montemerlo, S. Thrun, D. Koller, and B. Wegbreit. FastSLAM : A factored solution to the simultaneous localization and mapping problem. In *AAAI National conference on Artificial Intelligence*, pages 593–598, Menlo Park, CA, 2002. [cited at p. 79, 80]

[48] M. Montemerlo, S. Thrun, D. Koller, and B. Wegbreit. FastSLAM 2.0 : An improved particle filtering algorithm for simultaneous localization and mapping that provably converges. In *International Joint Conference on Artificial Intelligence*, Acapulco, Mexico, 2003. [cited at p. 78]

[49] D. Nistér, O. Naroditsky, and J. R. Bergen. Visual odometry. In *IEEE Computer Society Conference on Computer Vision and Pattern Recognition, Washington, DC, USA*, pages 652–659, 2004. [cited at p. 78]

[50] W. L. Perry and H. E. Stephanou. Belief function divergence as a classifier. In *International Symposium on Intelligent Control*, pages 280–285, 1991. [cited at p. 44, 49]

[51] P. Pinies, L. M. Paz, and J. D. Tardós. CI-Graph : An efficient approach for large scale SLAM. In *International Conference on Robotics and Automation*, pages 3913–3920, 2009. [cited at p. 80]

[52] Proceedings of the Third International Conference on Information Fusion, 2000. *Data association with believe theory*, volume 1, 2000. [cited at p. 48]

[53] E. Ramasso, C. Panagiotakis, M. Rombaut, and D. Pellerin. Belief scheduler based on model failure detection in the TBM framework. Application to human activity recognition. *International Journal of Approximate Reasoning*, 51(7) :846–865, 2010. [cited at p. 12]

[54] E. Ramasso, M. Rombaut, and D. Pellerin. Modèle des croyances transférables : Représentation des connaissances, fusion d'informations, décision. Technical report, GIPSA-lab, Département Images et Signal, 2007. [cited at p. 23]

[55] S. Petit Renaud. *Application de la théorie des croyances et des systèmes flous à l'estimation fonctionnelle en présence d'informations incertaines ou imprécises.* PhD thesis, Université de Compiègne, Compiègne, FRANCE, 1999. [cited at p. 46]

[56] C. Rominger and A. Martin. Using the conflict : An application to sonar image registration. In *Workshop on the Theory of Belief Functions*, pages 1–6, Brest (France), 2010. [cited at p. 12]

[57] C. Rominger, A. Martin, and A. Khenchaf. Sonar image registration based on conflict from belief function theory. In *Information Fusion*, pages 1–8, Seattle (USA), 2010. [cited at p. 12]

[58] J. Schubert. Clustering decomposed belief functions using generalized weights of conflict. *International Journal of Approximate Reasoning*, 48(2) :466–480, 2008. [cited at p. 12, 47]

[59] J. Schubert. Conflict management in Dempster-Shafer theory using the degree of falsity. *International Journal of Approximate Reasoning*, 52(3) :449–460, 2011. [cited at p. 83, 84]

[60] G. Shafer. *Allocations of Probability : A Theory of Partial Belief.* PhD thesis, Princeton University, 1973. [cited at p. 11]

[61] G. Shafer. *A Mathematical Theory of Evidence.* Princeton University Press, 1976. [cited at p. 11, 21, 31, 33, 34, 58, 62]

[62] R. S. Sharp. The stability and control of motorcycle. *Journal of Mechanical Science and Technology*, 13(5) :316–329, 1971. [cited at p. 72]

[63] R. Simmons, R. Goodwin, K. Haigh, S. Koenig, and J. O'Sullivan. A layered architecture for office delivery robots. In *The first international Conference on Autonomous Agents*, pages 245–252, Marina del Rey, CA, 1997. ACM. [cited at p. 77]

[64] F. Smarandache and J. Dezert. *Advances and applications of DSmT for information fusion*, volume 1. American Research Press, 2004. [cited at p. 40]

[65] P. Smets. The Combination of Evidence in the Transferable Belief Model. *IEEE Transactions on Pattern Analysis and Machine Intelligence*, 12(5) :447–458, 1990. [cited at p. 11, 12, 41]

[66] P. Smets. Belief functions : the disjunctive rule of combination and the generalized Bayesian theorem. *International Journal of Approximate Reasoning*, 9(1) :1–35, 1993. [cited at p. 21]

[67] P. Smets. The canonical decomposition of a weighted belief. In *14th International Joint Conference on Artificial Intelligence*, pages 1896–1901, San Francisco, CA, USA, 1995. Morgan Kaufmann Publishers Inc. [cited at p. 31, 32, 35]

[68] P. Smets and R. Kennes. The transferable belief model. *Artificial Intelligence*, 66(2) :191 – 234, 1994. [cited at p. 17, 30, 47, 48, 53]

[69] H. E. Stephanou and S.-Y. Lu. Measuring consensus effectiveness by a generalized entropy criterion. *Pattern Analysis and Machine Intelligence, IEEE Transactions on*, 10(4) :544 –554, jul 1988. [cited at p. 49]

[70] B. Tessem. Approximations for efficient computation in the theory of evidence. *Artificial Intelligence*, 61(2) :315–329, 1993. [cited at p. 44, 46, 49]

[71] S. Thrun. Learning metric-topological maps for indoor mobile robot navigation. *Artificial Intelligence*, 99(1) :21–71, 1998. [cited at p. 78]

[72] B. Vincke, A. Elouardi, and A. Lambert. Real time simultaneous localization and mapping : towards low-cost multiprocessor embedded systems. *EURASIP Journal on Embedded Systems*, 1(5), 2012. [cited at p. 79]

[73] J. W. Weingarten and R. Siegwart. EKF-based 3D SLAM for structured environment reconstruction. In *IEEE/RSJ International Conference on Intelligent Robots and Systems*, pages 3834–3839, 2005. [cited at p. 78]

[74] F. J. W. Whipple. The stability of the motion of a bicycle. *Quarterly Journal of Pure and Applied Mathematics*, 30 :312–348, 1899. [cited at p. 72]

[75] R. R. Yager. On the Dempster-Shafer framework and new combination rules. *Information Sciences*, 41(2) :93–137, 1987. [cited at p. 39]

[76] L.A. Zadeh. Fuzzy sets. *Information Control*, 8 :338–353, 1965. [cited at p. 12]

[77] L.A. Zadeh. Fuzzy sets as a basis for theory of possibility. *Fuzzy Sets and Systems*, 1 :3–28, 1978. [cited at p. 12]

[78] L. M. Zouhal and T. Denoeux. An evidence-theoretic k-NN rule with parameter optimization. *Systems, Man, and Cybernetics, Part C : Applications and Reviews, IEEE Transactions on*, 28(2) :263 –271, may 1998. [cited at p. 45, 46]

Appendices

Annexe A

Annexe au chapitre 1

A.1 Illustration de l'imprécision sur l'incertitude

Paradoxe A.1 : Paradoxe d'Ellsberg :
Daniel Ellsberg est un analyste américain, il reçu le prix Nobel alternatif en 2006. Il décrivit l'expérience suivante en 1961.
Soit une urne de 90 boules, dont 30 sont rouges et 60 sont soit jaunes soit noires et dont la distribution de chaque couleur est inconnue. Tour à tour deux paris possibles sont annoncés, lors de la première épreuve les paris considérés sont :
- pari A : la personne gagne si elle tire une boule rouge et perd sinon,
- pari B : la personne gagne si elle tire une boule jaune et perd sinon,

Communément la population participant à ce jeu choisira le pari A, en effet il est rare qu'une personne parie sur un évènement dont elle ne connaît pas la probabilité.
Lors de la seconde épreuve les paris considérés sont :
- pari C : la personne gagne si elle tire une boule rouge ou jaune et perd sinon,
- pari D : la personne gagne si elle tire une boule jaune ou noir et perd sinon.

L'ensemble de la population choisira de parier sur D.
Dans les deux cas, Ellsberg rapporte cela aux notions de risque et d'imprécision sur l'incertitude. Lorsque la probabilité est connue alors le risque l'est aussi alors que l'imprécision est difficilement perceptible. Par prudence l'ensemble de la population préfère risquer de perdre plutôt que d'être incertaine de gagner.

Formulation probabiliste :
Soit une urne de 90 boules rouges, noires et jaunes ($\Omega = \{R, N, J\}$), où les événements sont mutuellement exclusifs et exhaustifs. Les connaissances *a priori* sont $P(R) = \frac{1}{3}$, $P(N \cup J) = \frac{2}{3}$. Si on analyse le fait que la population parie A contre B lors de la première épreuve on en déduit que les personnes participant au tirage ont implicitement agi comme si $P(J) < P(R) < P(N)$, soit

$$P(J) < \frac{1}{3}, P(R) = \frac{1}{3}, P(N) > \frac{1}{3}. \tag{A.1}$$

Le même raisonnement sur le fait que la population parie D contre C lors de la seconde épreuve conduit à poser $P(N) + P(J) > P(R) + P(N)$, soit $P(J) > P(R) = \frac{1}{3}$ et donc

$$P(N) < \frac{1}{3}. \tag{A.2}$$

Le paradoxe présenté sur l'estimation de $P(N)$ provient du fait que la population a pris en compte l'imprécision sur $P(N)$ (due à l'aversion de l'homme pour l'ambiguïté).

Lors du développement annoncé par le paradoxe d'Ellsberg A.1, les probabilités *a priori* sont $P(R) = \frac{1}{3}$, $P(N \cup J) = \frac{2}{3}$.
$P(N)$ et $P(J)$ ne sont pas connues avec précision, les deux cas limites sont :
- cas 1 : $P(R) = \frac{1}{3}$, $P(N) = \frac{2}{3}$, $P(J) = 0$,
- cas 2 : $P(R) = \frac{1}{3}$, $P(N) = 0$, $P(J) = \frac{2}{3}$.

Soit le pari X ($X \in \{A, B, C, D\}$), la probabilité de gagner est alors en fonction de X

Pari	A	B	C	D
Intervalle de proba.	$[\frac{1}{3}; \frac{1}{3}]$	$[0; \frac{2}{3}]$	$[\frac{1}{3}; 1]$	$[\frac{2}{3}; \frac{2}{3}]$

Les bornes des valeurs de probabilités définies ci-dessus correspondent aux cas limites discernés. On constate que le choix intuitif des paires A et D (au lieu de B et C) correspond soit à une stratégie pessimiste (le joueur décide sur la borne inférieure de l'intervalle), soit à un critère de précision sur l'incertitude (le joueur choisi les intervalles les plus petits). L'observation de ce type de raisonnement a influencé le développement de nouvelles théories. Reprenons cet exemple dans le cadre de la théorie des fonctions de croyance. À partir des intervalles des probabilités par hypothèse singleton (i.e. : "R", "N" et "J"), nous construisons les fonctions suivantes :

	$\emptyset$	R	N	$R \cup N$	J	$R \cup J$	$N \cup J$	Ω
Bel	0	$\frac{1}{3}$	0	0	$\frac{1}{3}$	$\frac{1}{3}$	$\frac{2}{3}$	1
Pl	0	$\frac{1}{3}$	$\frac{2}{3}$	$\frac{2}{3}$	$\frac{2}{3}$	1	$\frac{2}{3}$	1
m	0	$\frac{1}{3}$	0	0	0	0	$\frac{2}{3}$	0

On a donc avec les fonctions de croyance un cadre formel qui modélise directement les connaissances imprécises (unions d'hypothèses) et/ou l'imprécision sur l'incertain (qu'il s'agisse d'une hypothèse singleton ou composée).

A.2 Conflit et modélisation

La frustration provient de désirs incompatibles, à ne pas confondre avec l'indétermination...
Une question simple est posée à deux enfants : "quel type de chocolat voulez-vous ?". Les choix possibles sont "chocolat blanc" et "chocolat noir". L'information *a priori* sur les goûts des enfants est que les deux chocolats plaisent autant l'un que l'autre. Examinons les deux "modèles" pour cette information. Dans les deux cas $2^\Omega = \{\emptyset, Choc.blanc, Choc.noir, Choc.blanc \cup$

A.2. CONFLIT ET MODÉLISATION

$Choc.\,noir\}$.
Modèle A :

$$m(Choc.\,blanc) = 0,$$
$$m(Choc.\,noir) = 0,$$
$$m(Choc.\,blanc \cup Choc.\,noir) = 1.$$

Ce modèle suppose que l'enfant n'a pas une opinion engagée sur un des types de chocolat, son choix est non affirmé : l'un ou l'autre lui conviendrait.
L'enfant désire à 100% le chocolat blanc **ou** le chocolat noir. L'enfant sera satisfait dans tous les cas (qu'il reçoive l'un ou l'autre des chocolats).
Modèle B :

$$m(Choc.\,blanc) = \frac{1}{2},$$
$$m(Choc.\,noir) = \frac{1}{2},$$
$$m(Choc.\,blanc \cup Choc.\,noir) = 0.$$

Ici, contrairement au cas précédent, la masse est mise sur les éléments singletons, ce qui s'interprète comme le fait que l'enfant n'est pas indifférent quant au type de chocolat, mais il est partagé. L'enfant désire à 50% le chocolat blanc **et** à 50% le chocolat noir. En raison de ses contradictions internes l'enfant ne pourra être satisfait qu'à 50% et sera frustré à 50%.

Remarque :
En l'absence d'information, il est classique d'utiliser un modèle probabiliste répartissant équitablement l'indétermination représentée par un élément disjonctif (composé d'un union entre hypothèse sur les hypothèses de cette disjonction (principe d'indifférence). L'utilisation d'un modèle de distribution sur 2^Ω permet de prendre en compte l'indétermination en tant que telle dans la combinaison.

Annexe B

Annexe au chapitre 2

Limites de la somme orthogonale

Une des limites de la théorie initiale fut montrée par Zadeh (c.f. exemple B.1) et concerne la règle de Dempster ou somme orthogonale.
Supposant un monde fermé, la somme orthogonale définit un facteur de normalisation de sorte à redistribuer toute la masse sur l'ensemble des éléments de $2^\Omega \setminus \{\emptyset\}$. Cette normalisation masque alors un conflit (éventuel) entre les sources comme dans l'exemple suivant.

Exemple B.1 : Exemple de Zadeh :
Soit deux fonctions de masse m_1 et m_2 définies sur 2^Ω, avec $\Omega = \{A, B, C\}$. Le tableau suivant n'indique que les éléments de masse non nulle, et $m_\oplus$ représente la combinaison orthogonale des masses m_1 et m_2.

	A	C	B
m_1	0,9	0	0,1
m_2	0	0,9	0,1
$m_\oplus$	0	0	1

On remarque qu'après combinaison toute la masse est reportée sur C. Or, dans cet exemple, le choix C paraît sujet à caution : mieux vaudrait-il remarquer que les sources sont fortement en conflit et éventuellement remettre en cause leur fiabilité.

Une autre limite de la somme orthogonale est qu'elle suppose l'indépendance cognitive des sources à combiner, ce qui est rarement le cas en réalité. Dans le cas de non indépendance des sources à combiner, du fait de la non-idempotente de la règle, son emploi renforcera indûment les propositions soutenues.

Exemple B.2 : Exemple de Zadeh Bis :

	∅	A	B	$A \cup B$	C	$A \cup C$	$B \cup C$	Ω
m_1	0	0,9	0,1	0	0	0	0	0
m_2	0	0	0,1	0	0,9	0	0	0
$m_1 ⓠ m_2$ (2.40)	0	0	0,01	0,09	0	0,81	0,09	0

Dans l'exemple ci-dessus la masse issue du désaccord entre A et C ($m_1(A) \times m_2(C)$) est associée à l'élément $\{A \cup C\}$ de $m_1 ⓠ m_2$.
On remarque trivialement que plus N est grand, plus la BBA résultant de la combinaison disjonctive sera ignorante (i.e. avec de la masse essentiellement sur des éléments de cardinal élevé).

Règle conjonctive, exemple Zadeh

Reprenons l'exemple de Zadeh B.1,

	∅	A	B	$A \cup B$	C	$A \cup C$	$B \cup C$	Ω
m_1	0	0,9	0,1	0	0	0	0	0
m_2	0	0	0,1	0	0,9	0	0	0
$m_1 Ⓠ m_2$(2.40)	0,99	0	0,01	0	0	0	0	0

La combinaison conjonctive de m_1 et m_2 montre un conflit (au sens de Smets) égal à $0,99$. Hormis ∅ l'hypothèse la plus crédible reste, comme pour la règle de Dempster, B : si une décision doit être prise sur l'espace $\Omega \setminus \{\emptyset\}$, B est le meilleur choix (avec une faible fiabilité au vu du conflit).

Allocation de Dubois et Prade

L'allocation proposée dans [28] des croyances construit une BBA consonante de la façon suivante :
On ordonne les probabilités par ordre décroissant. Supposons $p(H_{j(1)}) > p(H_{j(2)}) > ... > p(H_{j(|\Omega|)})$ où j est la fonction donnant l'ordre des indices. La BBA est construite de façon à avoir $|\Omega|$ éléments focaux qui sont $\{H_{j(1)}\}, \{H_{j(1)} \cup H_{j(2)}\}, ..., \Omega \setminus \{H_{j(|\Omega|)}\}, \{\Omega\}$ et les masses associées sont :
$m(\Omega) = |\Omega| p(H_{j(|\Omega|)})$,
$m(\Omega \setminus \{H_{j(|\Omega|)}\}) = (|\Omega| - 1)[p(H_{j(|\Omega|-1)}) - p(H_{j(|\Omega|)})]$,
...,
$m(H_{j(1)} \cup H_{j(2)}) = 2[p(H_{j(2)}) - p(H_{j(3)})]$,
$m(H_{j(1)}) = 1[p(H_{j(1)}) - p(H_{j(2)})]$.
On a donc bien construit une BBA consonante telle que $BetP(H) = p(H), \forall H \in \Omega$.
L'équation générale de l'allocation [28] s'écrit :

$$\forall i \in \{1, ..., (|\Omega| - 1)\}, m(\cup_{l=1}^{i} H_{j(l)}) = i[p(H_{j(i)}) - p(H_{j(i+1)})], \quad \text{(B.1)}$$
$$m(\Omega) = |\Omega| p(H_{j(|\Omega|)}). \quad \text{(B.2)}$$

Allocation d'Appriou [1]

Allocation par réfutation

Pour tout H de Ω, on construit m_H la BBA définie sur Ω modélisant l'information concernant H sous la forme suivante (réfutation) :

$$\forall A \in 2^\Omega, m_H(A) = \begin{cases} \alpha(H)[1-R]p(H) & \text{si } A = \overline{H}, \\ 1 - \alpha(H) + \alpha(H)\,R\,p(H) & \text{si } A = \Omega, \\ 0 & \text{sinon.} \end{cases}$$

R représente le facteur de normalisation $R \in [0, \{\frac{1}{\max_{H \in \Omega}(p(H))}\}]$, et $\alpha(H)$ représente un coefficient d'affaiblissement de la source. Dans [2] $\alpha(H)$ est déduit de la précision de la loi probabiliste utilisée pour estimer $p(H)$, il est nommé degré de représentativité. $|\Omega|$ BBA m_H sont créées. Ces $|\Omega|$ BBA sont ensuite combinées soit par application de la règle orthogonale (c.f. section 2.5.1) : $m_\oplus = \oplus_{i=1}^{|\Omega|} m_{H_i}$, soit par application de la règle conjonctive (c.f. section 2.5.2) : $m_{\bigcirc} = \bigcirc_{i=1}^{|\Omega|} m_{H_i}$.

Affectation par affirmation

$\forall A \in \Omega$, on construit m_H la BBA définie sur Ω modélisant l'information concernant H sous la forme suivante (affirmation) :

$$\forall A \in 2^\Omega, m_H(A) = \begin{cases} \alpha(H)R\frac{P(x|H)}{1+RP(x|H)} & \text{si } A = H, \\ \frac{\alpha(H)}{1+RP(x|H)} & \text{si } A = \overline{H}, \\ 1 - \alpha(H) & \text{si } A = \Omega, \\ 0 & \text{sinon} \end{cases} \tag{B.3}$$

$|\Omega|$ BBA m_H sont créées. Ces $|\Omega|$ BBA sont ensuite combinées soit par application de la règle orthogonale, soit par application de la règle conjonctive.

Allocation de H contre $\overline{H}$

$$\forall A \in 2^\Omega, m_H(A) = \begin{cases} \alpha P(H) & \text{si } A = H, \\ \alpha(1 - P(H)) & \text{si } A = \overline{H}, \\ 1 - \alpha & \text{si } A = \Omega, \\ 0 & \text{sinon.} \end{cases} \tag{B.4}$$

$|\Omega|$ BBA m_H sont créées. Ces $|\Omega|$ BBA sont ensuite combinées soit par application de la règle orthogonale, soit par application de la règle conjonctive.

Allocation par affaiblissement bayésien

$$\forall A \in 2^\Omega, m(A) = \begin{cases} \alpha P(A) \text{ si } A \in \Omega \\ \frac{(1-\alpha)}{|A \cup B|} P(A) \frac{1}{Z(A)} \forall B \in 2^\Omega \setminus \{A\} \end{cases} \quad (B.5)$$

avec $Z(A) = \sum_{B \in 2^\Omega} |A \cup B|$, Z représente le coefficient de normalisation, il est proportionnel à $|A \cup B|$. et $\Omega = \{H_1, ..., H_{|H|}\}$

Allocation par K-plus proches voisins (K-PPV) [18]

Soit $H_i \in \Omega, i \in \{1, ..., K\}$, les étiquettes associées aux K échantillons de l'ensemble d'apprentissage les plus proches selon la distance $d_{s,i}$ entre l'échantillon i et l'observation à classer x_s, et soit la SSF_i suivante :

$$m_{s,i}(A) = \begin{cases} \alpha_0 \exp^{-\lambda_i d_{s,i}^\beta} & \text{si } A = H_i \\ 1 - \alpha_0 \exp^{-\lambda_i d_{s,i}^\beta} & \text{si } A = \Omega \\ 0 & \forall A \in 2^\Omega \setminus \{H_i, \Omega\} \end{cases}, \quad (B.6)$$

avec α_0, β et λ_i choisis de manière heuristique.
On note $m_s^q(H_q)$ la combinaison orthogonale des SSF $m_{s,i}$ de l'étiquette H_q donné, $H_q \in \Omega$.

$$m_s^q(H_q) = 1 - \prod_{i=\{1,...,M\}|H_i=H_q} [1 - \alpha_0 \exp^{-\lambda_i d_{s,i}^\beta}], \quad (B.7)$$

$$m_s^q(\Omega) = \prod_{i=\{1,...,M\}|H_i=H_q} [1 - \alpha_0 \exp^{-\lambda_i d_{s,i}^\beta}]. \quad (B.8)$$

et $m_s^q(A) = 0, \forall A \in 2^\Omega \setminus \{H_q, \Omega\}$ \quad (B.9)

Enfin, l'allocation de m_s résulte de la combinaison orthogonale des SSF m_s^q :

$$m_s = \oplus_{H_q \in \Omega} m_s^q. \quad (B.10)$$

avec k le facteur de normalisation de la combinaison orthogonale.

Annexe C

Annexe au chapitre 3

Preuve et interprétation de la proposition 3.3

Preuve. Nous notons w la fonction de la décomposition canonique de m, et $\mu_i = A_i^{w(A_i)}$ la GSSF associée à l'hypothèse A_i : $\mu_i(\Omega) = w(A_i)$, $\mu_i(A_i) = 1 - w(A_i)$, et $\forall A_k \in \mathcal{C} \setminus \{A_i\}$, $\mu_i(A_k) = 0$. Nous avons $\forall A_i \in \mathcal{C}_j, \forall A_k \in \mathcal{C}_j \setminus \{A_i\}$, $A_i \cap A_k = A_i$ si et seulement si $A_i \subsetneq A_k$ (comme $\mathcal{C}_j$ est consonant, alors $A_i \subsetneq A_k$ ou $A_k \subsetneq A_i$). Alors :

$$\forall A_i \in \mathcal{C}_j, \, m_{\mathcal{C}_j}(A_i) = \mu_i(A_i) \times \prod_{\substack{k=1 \\ A_k \subsetneq A_i}}^{|\mathcal{C}_j|} \mu_k(\Omega) \times \prod_{\substack{l=1 \\ A_i \subsetneq A_l}}^{|\mathcal{C}_j|} (\mu_l(A_l) + \mu_l(\Omega)).$$

Comme $\forall l \in \{1, ..., |\mathcal{C}_j|\}$, $\mu_l(A_l) + \mu_l(\Omega) = 1$ (car μ_l est une GSSF), alors :

$$\forall A_i \in \mathcal{C}_j, m_{\mathcal{C}_j}(A_i) = \mu_i(A_i) \times \prod_{\{A_k \in \mathcal{C}_j | A_k \subsetneq A_i\}} \mu_k(\Omega). \tag{C.1}$$

En remplaçant $\mu_i(A_i)$ et $\mu_k(\Omega)$ par le terme $w(A_i)$ dans l'équation C.1 nous obtenons l'équation 3.3.
Notons que pour $j = 0, \mathcal{C}_0 = \{\emptyset\}$ et par convention $w(\emptyset) = 1$ si $\emptyset \notin \mathcal{C}$. L'équation C.1 est aussi valable dans ce cas. □

Le terme $\prod_{\{A_k \in \mathcal{C}_j | A_k \subsetneq A_i\}} \mu_k(\Omega)$ correspond au produit des ignorances (masses sur Ω) des GSSF qui sont engagées sur les hypothèses incluses dans A_i.

Preuve de la proposition 3.6

Preuve. $\forall l \in \{1, ..., L\}$, soit $T_l = |\Gamma_{\emptyset_l}|$. Alors, d'après l'équation 3.3, nous avons :

$$\forall l \in \{1, ..., L\}, \forall \Gamma_{\emptyset_l} = \{H_1, ...H_{T_l}\}$$

$$\prod_{i=1}^{T_l} m_{\mathcal{C}_i}(H_i) = (1 - w(H_1)) \times (1 - w(H_2)) \times ... \times (1 - w(H_{T_l})) \times$$

$$\prod_{\substack{A_k \in \mathcal{C}_1 \\ A_k \subsetneq H_1}} w(A_k) \times \prod_{\substack{A_k \in \mathcal{C}_2 \\ A_k \subsetneq H_2}} w(A_k) \times ... \times \prod_{\substack{A_k \in \mathcal{C}_{T_l} \\ A_k \subsetneq H_{T_l}}} w(A_k).$$

Montrons à présent l'égalité entre $\prod_{j=1}^{T_l} \prod_{A_k \in \mathcal{C}_j | A_k \subsetneq H_j} w(A_k)$ et $\prod_{\substack{A_k \in \cup_{j=1}^{T_l} \mathcal{C}_j | \\ \exists H_i \in \Gamma_{\emptyset_l} | A_k \subsetneq H_i}} w(A_k)$.

Nous avons :

$$\forall A_k \mid A_k \in \cup_{j=1}^{T_l} \mathcal{C}_j, \exists ! j \in \{1, ...T_l\} \mid A_k \in \mathcal{C}_j$$

(car $\mathcal{C}_j$ forme une partition).

Par contradiction, montrons que $\mathcal{C}_j$ contient aussi une hypothèse strictement incluse dans A_k. Pour cela, nous supposons que :

$$\forall H \in \mathcal{C}_j, A_k \not\subsetneq H \Leftrightarrow \forall H \in \mathcal{C}_j, H \subsetneq A_k$$

(car $\mathcal{C}_j$ est consonant). En particulier pour $H_j \in \mathcal{C}_j \cap \Gamma_{\emptyset_l}, H_j \subsetneq A_k$.
De plus, $\exists H_i \in \Gamma_{\emptyset_l} \mid A_k \subsetneq H_i$ (pour A_k impliqué dans le produit). À partir de l'hypothèse contradictoire, on a $i \neq j$. Alors, $H_j \subsetneq A_k \subsetneq H_i$. Donc, $\exists (H_i, H_j) \in \Gamma_{\emptyset_l} \times \Gamma_{\emptyset_l} \mid H_j \subsetneq H_i$, ce qui n'est pas possible d'après la définition 3.5, donc l'hypothèse de contradiction est fausse. Par conséquent, nous avons :

$$A \in \left\{ A_k \in \cup_{j=1}^{T_l} \mathcal{C}_j \mid \exists H_i \in \Gamma_{\emptyset_l}, A_k \subsetneq H_i \right\} \Rightarrow A \in \{A_k \mid \exists j \in 1, ..., T_l, A_k \in \mathcal{C}_j, A_k \subsetneq H_j\}.$$

Réciproquement,

$$A \in \{A_k \mid \exists j \in 1, ..., T_l, A_k \in \mathcal{C}_j, A_k \subsetneq H_j\} \Rightarrow A \in \left\{ A_k \in \cup_{j=1}^{T_l} \mathcal{C}_j \mid \exists H_i \in \Gamma_{\emptyset_l}, A_k \subsetneq H_i \right\}.$$

Donc, nous avons :

$$\prod_{\substack{A_k \in \mathcal{C}_1 \\ A_k \subsetneq H_1}} w(A_k) \times ... \times \prod_{\substack{A_k \in \mathcal{C}_{T_l} \\ A_k \subsetneq H_{T_l}}} w(A_k) = \prod_{\substack{A_k \in \cup_{j=1}^{T_l} \mathcal{C}_j \mid \\ \exists H_i \in \Gamma_{\emptyset_l} \mid A_k \subsetneq H_i}} w(A_k).$$

L'équation 3.8 en est alors directement déduite. □

Preuve de la proposition 3.7

Preuve. $\forall l \in \{1, ..., L\}$, soit $T_l = |\Gamma_{\emptyset_l}|$, et X_l désignant la partie droite de l'équation 3.10 :

$$X_l = \prod_{i=1}^{T_l} m_{\mathcal{C}_i}(H_i) \times \prod_{j=T_l+1}^{M} \left[\sum_{\substack{H \in \mathcal{C}_j \cup \{\Omega\}| \\ \exists H_i \in \Gamma_{\emptyset_l}, H_i \subsetneq H}} m_{\mathcal{C}_j}(H) \right]. \tag{C.2}$$

En utilisant l'équation 3.8, l'équation 3.3 et l'égalité $m_{\mathcal{C}_j}(\Omega) = \prod_{A \in \mathcal{C}_j} w(A)$, X_l peut être exprimé par :

$$X_l = \prod_{i=1}^{T_l} (1 - w(H_i)) \overbrace{\prod_{\substack{A_k \in \cup_{j=1}^{T_l} \mathcal{C}_j| \\ \exists H_i \in \Gamma_{\emptyset_l}, A_k \subsetneq H_i}} w(A_k)}^{S} \tag{C.3}$$

$$\times \prod_{j=T_l+1}^{M} \overbrace{\left[\sum_{\substack{H \in \mathcal{C}_j| \\ \exists H_i \in \Gamma_{\emptyset_l}, H_i \subsetneq H}} \left((1 - w(H)) \prod_{\substack{A_k \in \mathcal{C}_j \\ A_k \subsetneq H}} w(A_k) \right) + \underbrace{\prod_{A_k \in \mathcal{C}_j} w(A_k)}_{m_{\mathcal{C}_j}(\Omega)} \right]}^{T}.$$

Notons G_j la première somme dans l'expression du produit T, pour $j \in \{T_l+1, ..., M\}$:

$$G_j = \sum_{\substack{H \in \mathcal{C}_j| \\ \exists H_i \in \Gamma_{\emptyset_l}, H_i \subsetneq H}} \left((1 - w(H)) \prod_{\substack{A_k \in \mathcal{C}_j \\ A_k \subsetneq H}} w(A_k) \right). \tag{C.4}$$

Si $\forall H \in \mathcal{C}_j, \forall H_i \in \Gamma_{\emptyset_l}, H_i \not\subsetneq H$, alors $G_j = 0$.
Calculons G_j lorsque $\exists H \in \mathcal{C}_j \mid \exists H_i \in \Gamma_{\emptyset_l}, H_i \subsetneq H$.
Sans perte de généralité, nous supposons $\mathcal{C}_j = \{A_i, i \in \{1, ..., |\mathcal{C}_j|\}\}$, avec $A_1 \subsetneq A_2 \subsetneq ... \subsetneq A_{|\mathcal{C}_j|}$.
Soit $A_{h(j)}$ l'élément de $\mathcal{C}_j$ de cardinal le plus faible parmi l'ensemble $\{A \in \mathcal{C}_j \mid \exists H_i \in \Gamma_{\emptyset_l}, H_i \subsetneq A\}$:

$$A_{h(j)} \in \mathcal{C}_j \mid \begin{cases} \exists H_i \in \Gamma_{\emptyset_l} \mid H_i \subsetneq A_{h(j)} \\ \forall H_i \in \Gamma_{\emptyset_l}, H_i \not\subsetneq A_{h(j)-1} \end{cases} \tag{C.5}$$

La somme dans l'équation C.4 est calculée sur tous les éléments de $\mathcal{C}_j$ de $A_{h(j)}$ jusqu'à $A_{|\mathcal{C}_j|}$.
Alors :

$$\begin{aligned}
G_j &= (1-w(A_{h(j)})) \prod_{\substack{A_k\in\mathcal{C}_j|\\ A_k\subsetneq A_{h(j)}}} w(A_k) + ... + (1-w(A_{|\mathcal{C}_j|})) \prod_{\substack{A_k\in\mathcal{C}_j|\\ A_k\subsetneq A_{|\mathcal{C}_j|}}} w(A_k)\\
&= (1-w(A_{h(j)})) \prod_{k=1}^{h(j)-1} w(A_k) + ... + (1-w(A_{|\mathcal{C}_j|})) \prod_{k=1}^{|\mathcal{C}_j|-1} w(A_k)\\
&= \sum_{p=h(j)}^{|\mathcal{C}_j|} (1-w(A_p)) \prod_{k=1}^{p-1} w(A_k)\\
&= \sum_{p=h(j)}^{|\mathcal{C}_j|} \left(\prod_{k=1}^{p-1} w(A_k) - \prod_{k=1}^{p} w(A_k) \right)\\
&= \prod_{k=1}^{h(j)-1} w(A_k) - \prod_{k=1}^{|\mathcal{C}_j|} w(A_k)\\
&= \prod_{\substack{A_k\in\mathcal{C}_j|\\ A_k\subsetneq A_{h(j)}}} w(A_k) - \prod_{A_k\in\mathcal{C}_j} w(A_k).
\end{aligned}$$

Alors :

$$G_j + \prod_{A_k\in\mathcal{C}_j} w(A_k) = \begin{cases} \prod_{\substack{A_k\in\mathcal{C}_j|\\ A_k\subsetneq A_{h(j)}}} w(A_k). & \text{si } h(j) \text{ existe}\\ \prod_{A_k\in\mathcal{C}_j} w(A_k) & \text{si } h(j) \text{ n'existe pas} \end{cases}$$

Pour plus de commodité, posons $A_{h(j)} = \Omega$ si $h(j)$ n'existe pas, de sorte que :
$T = \prod_{j=T_l+1}^{M} \prod_{\substack{A_k\in\mathcal{C}_j|\\ A_k\subsetneq A_{h(j)}}} w(A_k)$.

À présent montrons que $\mathcal{S}_1 = \{A_k \in \mathcal{C}_j \mid A_k \subsetneq A_{h(j)}\}$, avec $A_{h(j)}$ tel qu'il est défini précédemment, est égal à $\mathcal{S}_2 = \{A_k \in \mathcal{C}_j \mid \forall H_i \in \Gamma_{\emptyset_l}, H_i \cap A_k \neq H_i\}$. Montrons d'abord que $\mathcal{S}_1 \subseteq \mathcal{S}_2$. $\forall A \in \mathcal{S}_1$, $A \subsetneq A_{h(j)}$, donc, par définition de $A_{h(j)}$, $\forall H_i \in \Gamma_{\emptyset_l}, H_i \not\subseteq A$,
$\Rightarrow \forall H_i \in \Gamma_{\emptyset_l}, H_i \cap A \neq H_i$, et $A \in \mathcal{S}_2$.
Montrons que $\mathcal{S}_2 \subseteq \mathcal{S}_1$. $\forall A \in \mathcal{S}_2, \forall H_i \in \Gamma_{\emptyset_l}, H_i \cap A \neq H_i \Rightarrow \forall H_i \in \Gamma_{\emptyset_l}, H_i \not\subseteq A$. Alors, par définition de $A_{h(j)}$ (comme la "première" hypothèse, en termes de cardinal, incluant une hypothèse de $\Gamma_{\emptyset_l}$) et pour $A \in \mathcal{C}_j, A \subsetneq A_{h(j)}$. D'où $A \in \mathcal{S}_1$.
Donc T peut être écrit par :

$$\begin{aligned}
T &= \prod_{j=T_l+1}^{M} \prod_{\substack{A_k\in\mathcal{C}_j|\\ \forall H_i\in\Gamma_{\emptyset_l}, H_i\cap A_k\neq H_i}} w(A_k),\\
&= \prod_{\substack{A_k\in\mathcal{C}\setminus\cup_{i=1}^{T_l}\mathcal{C}_i|\\ \forall H_i\in\Gamma_{\emptyset_l}, H_i\cap A_k\neq H_i}} w(A_k).
\end{aligned}$$

De plus, $S = \prod_{\substack{A_k \in \cup_{i=1}^{T_l} \mathcal{C}_i | \\ \exists H_i \in \Gamma_{\emptyset_l}, A_k \subsetneq H_i}} w(A_k)$. Montrons qu'il existe une égalité entre

$\mathcal{S}'_1 = \left\{ A_k \in \cup_{i=1}^{T_l} \mathcal{C}_i \mid \exists H_i \in \Gamma_{\emptyset_l}, A_k \subsetneq H_i \right\}$ et

$\mathcal{S}'_2 = \left\{ A_k \in \cup_{i=1}^{T_l} \mathcal{C}_i \mid \forall H_i \in \Gamma_{\emptyset_l}, H_i \cap A_k \neq H_i \right\}$.

Dans un premier temps montrons que $\mathcal{S}'_1 \subseteq \mathcal{S}'_2$.
$\forall A \in \mathcal{S}'_1, \exists H_i \in \Gamma_{\emptyset_l} \mid A \cap H_i = A$. Montrons que $A \in \mathcal{S}'_2$ par contradiction. Supposons que $\exists H_j \in \Gamma_{\emptyset_l} \mid H_j \cap A = H_j$. Alors, $\exists (i,j) \mid H_j \subseteq A \subsetneq H_i$. Donc, $\exists (H_i, H_j) \in \Gamma_{\emptyset_l} \times \Gamma_{\emptyset_l} \mid H_j \subsetneq H_i$, ce qui n'est pas possible d'après avec la définition 3.5, donc l'hypothèse de contradiction étant fausse, et $A \in \mathcal{S}'_2$.
Montrons maintenant que $\mathcal{S}'_2 \subseteq \mathcal{S}'_1$.
Soit $A \in \mathcal{S}'_2$ et H_i désignant l'hypothèse de $\Gamma_{\emptyset_l}$ incluse dans le même sous-ensemble consonant $\mathcal{C}_i$ que A (H_i existe car $A \in \cup_{i=1}^{T_l} \mathcal{C}_i$). Donc, soit $A \subsetneq H_i$ ou $H_i \subseteq A$. Puisque $H_i \not\subseteq A$ (puisque $A \in \mathcal{S}'_2$), alors $A \subsetneq H_i$, et $A \in \mathcal{S}'_1$.
Alors, nous avons :

$$S = \prod_{\substack{A_k \in \cup_{i=1}^{T_l} \mathcal{C}_i | \\ \forall H_i \in \Gamma_{\emptyset_l}, H_i \cap A_k \neq H_i}} w(A_k).$$

$$S \times T = \prod_{\substack{A_k | A_k \in \mathcal{C} \\ \forall H_i \in \Gamma_{\emptyset_l}, H_i \cap A_k \neq H_i}} w(A_k).$$

Finalement, nous obtenons :

$$X_l = \prod_{\substack{i=1 \\ H_i \in \Gamma_{\emptyset_l}}}^{T_l} (1 - w(H_i)) \prod_{\substack{A_k | A_k \in \mathcal{C} \\ \forall H_i \in \Gamma_{\emptyset_l}, H_i \cap A_k \neq H_i}} w(A_k)$$

$$= f_\emptyset(\Gamma_{\emptyset_l}).$$

□

Annexe D

Annexe au chapitre 4 : Forces et mouvement permettant l'équilibre d'un bicycle

D.1 Force centrifuge versus force centripète

Considérons le cas d'équilibre en virage. Les trois principales forces en action sont le poids du véhicule, la force centrifuge ainsi que la force centripète.
Le poids ainsi que la force centrifuge s'exercent au centre de gravité de l'ensemble pilote bicycle, la force centripète s'exerce au point de contact entre le sol et le véhicule (voir figure D.1a).

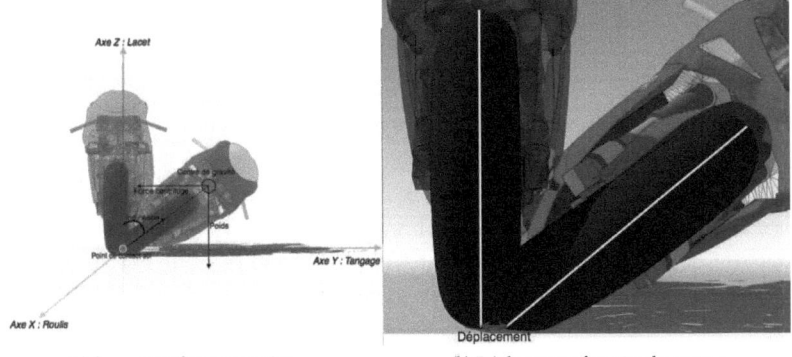

(a) force centrifuge/centripète   (b) Déplacement du point de contact

FIGURE D.1 – La figure D.1a présente les forces centrifuge et centripète. La figure D.1b représente le déplacement du point de contact lors de l'inclinaison de la moto.

L'équation de la force centrifuge s'écrit :

$$F_{centrifuge} = \frac{Mv^2}{R_{courbure}}, \tag{D.1}$$

avec M la masse du véhicule, v la vitesse et $R_{courbure}$ le rayon de courbure du virage.
Par la prise en compte de la hauteur h du centre de gravité de l'ensemble pilote bicycle, est déduite l'équation suivante :

$$\frac{h\cos(\Theta)Mv^2}{R_{courbure}} = h\sin(\Theta)Mg, \tag{D.2}$$

avec g la valeur de la gravité.
On note qu'un modèle plus réaliste doit prendre en compte le déplacement du point de contact entre la roue et le sol. Ce déplacement est dû à la géométrie de la roue (voir figure D.1b), sa valeur dépend du type d'activité du véhicule ainsi que la topologie de la roue.

D.2 Vitesse angulaire de lacet

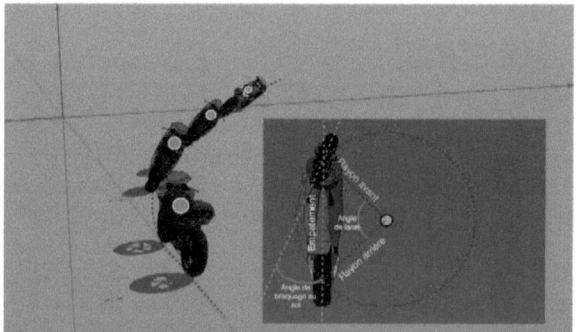

FIGURE D.2 – Illustration d'un motocycle en virage.

L'entrée d'un bicycle en situation de virage engendre deux mouvements (figure D.2) :
1. le mouvement du centre de gravité du véhicule décrivant une trajectoire circulaire,
2. le mouvement du véhicule autour du centre de gravité (rotation de l'axe Z).

En supposant que le virage est parcouru à une vitesse constante v, la vitesse de rotation du véhicule autour du centre du virage (vitesse du lacet) peut être calculée à partir de l'estimation du rayon de courbure du virage :

$$\dot{\Psi} = \frac{v}{R_{courbure}}. \tag{D.3}$$

On note qu'en situation réelle, la vitesse de lacet n'est pas constante. Pour atteindre cette vitesse de lacet le bicycle subit en début de virage une accélération de lacet ainsi qu'une décélération de lacet en fin de virage.

D.3 Estimation du rayon de courbure

Le rayon de courbure ($R_{courbure}$) est estimé pour chaque roue constituant un point de contact entre le sol et le véhicule (voir figure D.2) :

$$\sin(\Delta) = \frac{E}{R_{courbure\,av}} \tag{D.4}$$

$$R_{courbure\,av} = \frac{E}{\sin(\arccos(\frac{1}{\sqrt{\tan(\alpha)^2 \sin(\Theta_1)^2+1}}))} \tag{D.5}$$

$$\tan(\Delta) = \frac{E}{R_{courbure\,ar}} \tag{D.6}$$

$$R_{courbure\,ar} = \frac{E}{\tan(\arccos(\frac{1}{\sqrt{\tan(\alpha)^2 \sin(\Theta_1)^2+1}}))}, \tag{D.7}$$

avec E l'empattement entre la roue avant et la roue arrière, α l'angle de braquage du guidon, Δ l'angle de braquage au sol et Θ_1 l'angle de chasse de la moto (voir figure D.2). L'angle de chasse désigne la distance entre la projection de l'axe de direction sur le sol et le point de contact au sol. Il est positif si cette projection précède le point de contact au sol, nul si cette projection passe par le point de contact et négatif si elle se situe derrière. Dans notre cas, on estime l'angle de braquage au sol par la position du codeur installé sur le guidon :

$$\alpha(t) = \frac{T(t) \times 2\pi}{Res \times Ra}, \tag{D.8}$$

avec $T(t)$ la valeur des *ticks guidon* à l'instant t, Res la résolution du codeur et Ra le rapport de réduction.
La paramétrisation actuelle du véhicule donne :

$$\alpha = \frac{T(t) \times 2\pi}{1024 \times 2.3} \tag{D.9}$$

Ainsi, le rayon de braquage avant est estimé par :

$$R_{courbure\,av} = \frac{E}{\sin(\arccos(\frac{1}{\sqrt{\tan(\frac{T \times 2\pi}{1024 \times 2,3})^2 \sin(\Theta_1)^2+1}}))}. \tag{D.10}$$

D.4 Moments perturbateurs et gyroscopiques

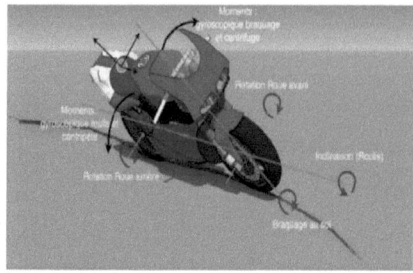

(a) Moments perturbateurs et gyroscopiques

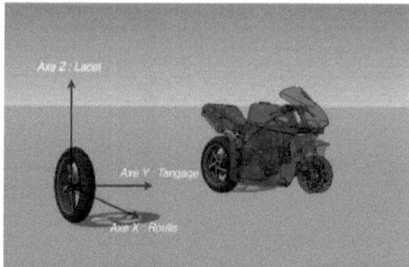

(b) Moments gyroscopiques

FIGURE D.3 – illustration des axes et rotations

Moments perturbateurs

La chute d'un bicycle est principalement due à une forte inclinaison non maîtrisée. Ainsi, certaines études utilisent la vitesse d'inclinaison du véhicule comme paramètre afin de calculer les moments perturbateurs centrifuge et centripète (c.f. figure D.3a). Posons $Mom_{centripete}$ comme étant le moment centripète :

$$Mom_{centripete} = h \times \sin(\Theta) \times m \times g + h^2 \times m \times \ddot{\Theta}. \tag{D.11}$$

Le moment d'inertie (moment centrifuge) $Mom_{centrifuge}$ opposé au couple perturbateur $Mom_{centripete}$ s'écrit :

$$Mom_{centrifuge} = \frac{h \times \cos(\Theta) \times m \times \dot{\Theta}^2}{r}. \tag{D.12}$$

Moments gyroscopiques

Les moments gyroscopiques sont engendrés par un couple "mouvement circulaire de la roue" et "tout autre mouvement circulaire perpendiculairement opposé au premier". Sur un bicycle, deux couples gyroscopiques sont présents (c.f. figure D.3a) :

1. mouvement circulaire des roues et mouvement circulaire dû au roulis du véhicule (rotation autour de l'axe X),

2. mouvement circulaire des roues et mouvement circulaire de l'axe de direction (braquage au sol).

Le couple (accélération) gyroscopique est composé de :
- une accélération tangentielle au mouvement de rotation autour de l'axe de la roue,
- une accélération tangentielle au mouvement de rotation autour de l'axe du mouvement perpendiculaire,
- une accélération centripète due au mouvement de rotation autour de l'axe de la roue,

D.4. MOMENTS PERTURBATEURS ET GYROSCOPIQUES

- une accélération centripète due au mouvement de rotation autour de l'axe du mouvement perpendiculaire,
- une accélération de Coriolis due à la rotation terrestre.

Considérons une roue suspendue dans le vide (c.f. figure D.3b).

Cette roue est entraînée en rotation autour de l'axe Y et lorsqu'elle touche le sol elle avance linéairement vers X. S'il existe une rotation perpendiculaire à la rotation de la roue alors il se crée un couple gyroscopique. Dans le cas actuel il peut y avoir deux rotations perpendiculaires :

1. une rotation autour de l'axe Z (angle de braquage au sol),
2. une rotation autour de l'axe X (angle de roulis).

Dans le cas de la conduite d'un bicycle (à une vitesse moyenne ou élevée), la rotation selon Z correspond au phénomène de contre braquage. Cette force associée au moment centripète permet de lutter contre le moment centrifuge et le moment gyroscopique dû à l'inclinaison (rotation autour de l'axe X) (c.f. figure D.3a).

Note : les frottements entre le sol et la roue sont négligés.

Moment gyroscopique de braquage :

Le contre-braquage est un phénomène présent à une vitesse supérieure à $20 km/h$ et consiste à tourner le guidon dans la direction opposée au virage. Cette action crée par l'intermédiaire d'un moment gyroscopique une force en direction opposée au centre de celui-ci et ainsi constitue la meilleure façon d'orienter le véhicule. Le moment gyroscopique de braquage est une rotation de l'axe Z, il peut être décomposé en cinq variables :

1. accélération tangentielle au mouvement de rotation autour de l'axe de la roue :

$$\overrightarrow{accTenR} = r\ddot{\Omega}_{roue}[\cos(\Omega_{roue})\overrightarrow{X_1} - \sin(\Omega_{roue})\overrightarrow{Z_1}], \quad (D.13)$$

2. accélération tangentielle au mouvement de rotation autour de l'axe de la fourche :

$$\overrightarrow{accTenF} = r\ddot{\Delta}\sin(\Omega_{roue})\overrightarrow{Y_1}, \quad (D.14)$$

3. accélération centripète due au mouvement de rotation autour de l'axe de la roue :

$$\overrightarrow{accCenR} = r\dot{\Omega}_{roue}^2[\sin(\Omega_{roue})\overrightarrow{X_1} + \cos(\Omega_{roue})\overrightarrow{Z_1}], \quad (D.15)$$

4. accélération centripète due au mouvement de rotation autour de l'axe de la fourche :

$$\overrightarrow{accCenF} = r\dot{\Delta}^2\sin(\Omega_{roue})\overrightarrow{X_1}, \quad (D.16)$$

5. accélération de Coriolis :

$$\overrightarrow{accCor} = 2r\dot{\Delta}\dot{\Omega}_{roue}\cos(\Omega_{roue})\overrightarrow{Y_1}, \quad (D.17)$$

avec r le rayon de la roue, Ω_{roue} l'angle de rotation de la roue, Δ l'angle de braquage au sol. $\{\overrightarrow{X_1}, \overrightarrow{Y_1}, \overrightarrow{Z_1}\}$ correspondent aux axes du repère orthonormé après orientation de la roue (rotation autour de l'axe Z).

Le couple gyroscopique guidon est estimé par :

$$CoupleGyro_{guidon} = \parallel accTenR + accTenF - accCenR - accCenF + accCor \parallel \quad (D.18)$$

Moment gyroscopique de l'inclinaison :

À l'entrée d'un virage le véhicule s'incline, créant une rotation autour de l'axe X. Le couple gyroscopique de l'inclinaison est composé de cinq accélérations :

1. accélération tangentielle au mouvement de rotation autour de l'axe de la roue :

$$\overrightarrow{accTenR} = r\ddot{\Omega}_{roue}[\sin(\Omega_{roue})\overrightarrow{X_1} - \cos(\Omega_{roue})\overrightarrow{Z_1}], \quad \text{(D.19)}$$

2. accélération tangentielle au mouvement de rotation autour de l'axe de la fourche :

$$\overrightarrow{accTenF} = r\ddot{\Theta}\cos(\Omega_{roue})\overrightarrow{Y_1}, \quad \text{(D.20)}$$

3. accélération centripète due au mouvement de rotation autour de l'axe de la roue :

$$\overrightarrow{accCenR} = r\dot{\Omega}_{roue}^{2}[\cos(\Omega_{roue})\overrightarrow{X_1} + \sin(\Omega_{roue})\overrightarrow{Z_1}], \quad \text{(D.21)}$$

4. accélération centripète due au mouvement de rotation autour de l'axe de la fourche :

$$\overrightarrow{accCenF} = r\dot{\Theta}^2\cos(\Omega_{roue})\overrightarrow{Z_1}, \quad \text{(D.22)}$$

5. accélération de Coriolis :

$$\overrightarrow{accCor} = 2r\dot{\Theta}\dot{\Omega}_{roue}\sin(\Omega_{roue})\overrightarrow{Z_1}, \quad \text{(D.23)}$$

avec r le rayon de la roue, Ω_{roue} l'angle de rotation de la roue, Θ l'angle d'inclinaison du véhicule. $\{\overrightarrow{X_1}, \overrightarrow{Y_1}, \overrightarrow{Z_1}\}$ correspondent aux axes du repère orthonormé après inclinaison (rotation axe X).

Le couple gyroscopique de l'inclinaison est estimé par :

$$CoupleGyro_{inclinaison} = |accTenR + accTenF - accCenR - accCenF + accCor|, \quad \text{(D.24)}$$

Nous avons présenté un ensemble de quatre études permettant l'interprétation de l'équilibre d'un véhicule de type moto. Dans le cadre de notre application, nous ne considérons que l'étude gyroscopique ainsi que l'étude de la vitesse des roues.

Oui, je veux morebooks!

i want morebooks!

Buy your books fast and straightforward online - at one of world's fastest growing online book stores! Environmentally sound due to Print-on-Demand technologies.

Buy your books online at
www.get-morebooks.com

Achetez vos livres en ligne, vite et bien, sur l'une des librairies en ligne les plus performantes au monde!
En protégeant nos ressources et notre environnement grâce à l'impression à la demande.

La librairie en ligne pour acheter plus vite
www.morebooks.fr

VDM Verlagsservicegesellschaft mbH
Heinrich-Böcking-Str. 6-8   Telefon: +49 681 3720 174   info@vdm-vsg.de
D - 66121 Saarbrücken   Telefax: +49 681 3720 1749   www.vdm-vsg.de

Printed by Books on Demand GmbH, Norderstedt / Germany